0-3岁
婴幼儿早期发展
专业人才培养

总主编 史耀疆

婴幼儿
安全照护与伤害的
预防和紧急处理

关宏岩　任晓旭◎主编

刘爱华　任　刚　李　芳　李　英◎副主编

华东师范大学出版社

·上海·

图书在版编目(CIP)数据

婴幼儿安全照护与伤害的预防和紧急处理/关宏岩,
任晓旭主编. —上海:华东师范大学出版社,2021
(0—3岁婴幼儿早期发展专业人才培养)
ISBN 978-7-5760-1928-5

Ⅰ.①婴… Ⅱ.①关…②任… Ⅲ.①婴幼儿-安全
②婴幼儿-伤亡事故-防治 Ⅳ.①TS976.31

中国版本图书馆 CIP 数据核字(2021)第 217587 号

"0—3岁婴幼儿早期发展专业人才培养"丛书

婴幼儿安全照护与伤害的预防和紧急处理

主　　编	关宏岩　任晓旭
项目编辑	蒋　将
特约审读	王　杉
责任校对	张　筝　时东明
装帧设计	卢晓红

出版发行　华东师范大学出版社
社　　址　上海市中山北路 3663 号　邮编 200062
网　　址　www.ecnupress.com.cn
电　　话　021-60821666　行政传真 021-62572105
客服电话　021-62865537　门市(邮购)电话 021-62869887
地　　址　上海市中山北路 3663 号华东师范大学校内先锋路口
网　　店　http://hdsdcbs.tmall.com

印 刷 者　上海四维数字图文有限公司
开　　本　787×1092　16 开
印　　张　9.75
字　　数　190 千字
版　　次　2022 年 3 月第 1 版
印　　次　2022 年 3 月第 1 次
书　　号　ISBN 978-7-5760-1928-5
定　　价　49.00 元

出 版 人　王　焰

(如发现本版图书有印订质量问题,请寄回本社客服中心调换或电话 021-62865537 联系)

编　委　会

目　录

总　序

　　2014 年 3 月,本着立足陕西、辐射西北、影响全国的宗旨,形成应用实验经济学方法探索和解决农村教育均衡发展等问题的研究特色,致力于推动政策模拟实验研究向政府和社会行动转化,从而促成教育均衡的发展目标,陕西师范大学教育实验经济研究所(Center for Experimental Economics in Education at Shanxi Normal University,简称 CEEE)正式成立。CEEE 前身是西北大学西北社会经济发展研究中心(Northwest Socioeconomic Development Research Center,简称 NSDRC),成立于 2004 年 12 月。CEEE 也是教育部、国家外国专家局“高等学校学科创新引智计划——111 计划”立项的“西部贫困地区农村人力资本培育智库建设创新引智基地”、北京师范大学中国基础教育质量监测协同创新中心的合作平台。自成立以来,CEEE 瞄准国际学术前沿和国家重大战略需求,面向社会和政府的需要,注重对具体的、与社会经济发展和人民生活密切相关的实际问题进行研究,并提出相应的解决方案。

　　过去 16 年,NSDRC 和 CEEE 的行动研究项目主要涵盖五大主题:“婴幼儿早期发展”“营养、健康与教育”“信息技术与人力资本”“教师与教学”和“农村公共卫生与健康”。围绕这五大主题,CEEE 开展了累计 60 多项随机干预实验项目。这些随机干预实验项目旨在探索并验证学术界的远见卓识,找到改善农村儿童健康及教育状况的有效解决方案,并将这些经过验证的方案付诸实践、推动政策倡导,切实运用于解决农村儿童面临的健康和教育挑战。具体来看,“婴幼儿早期发展”项目旨在通过开创性的研究探索能让婴幼儿终生受益的“0—3 岁儿童早期发展干预方案”;“营养、健康与教育”项目旨在解决最根本阻碍农村学生学习和健康成长的问题:贫血、近视和寄生虫感染等;“信息技术与人力资本”项目旨在将现代信息技术引入农村教学、缩小城乡数字化鸿沟;“教师与教学”项目旨在融合教育学和经济学领域的前沿研究方法,改善农村地区教师的教学行为、提高农村较偏远地区学校教师的教学质量;“农村公共卫生与健康”项目旨在采用国际前沿的“标准化病人法”测量农村基层医疗服务质量,同时结合新兴技术探索提升基层医疗服务质量的有效途径。

　　从始至今,CEEE 开展的每个项目在设计以及实施中都考虑项目的有效性,使用成熟和前沿的科学影响评估方法,严谨科学地评估每一个项目是否有效、为何有效以及如何改进。

在通过科学的研究方法了解了哪些项目起作用、哪些项目作用甚微后,我们会与政策制定者分享这些结果,再由其推广已验证有效的行动方案。至今,团队已发表论文 230 余篇,累计 120 余篇英文论文被 SCI/SSCI 期刊收录,80 余篇中文论文被 CSSCI 期刊收录;承担了国家自然科学基金重点项目 2 项,省部级和横向课题 50 多项;向国家层面和省级政府决策层提交了 29 份政策简报并得到采用。除此之外,CEEE 的科学研究还与公益相结合,十几年来在上述五大研究领域开展的项目累计使数以万计的儿童受益:迄今为止,共为农村儿童发放了 100 万粒维生素片,通过随机干预实验形成的政策报告推动了 3300 万名学生营养的改善;为农村学生提供了 1700 万元的助学金;在 800 所学校开展了计算机辅助学习项目;为 6000 户农村家庭提供婴幼儿养育指导;为农村学生发放了 15 万副免费眼镜;通过远程方式培训村医 600 人;对数千名高校学生和项目实施者进行了行动研究和影响评估的专业训练……CEEE 一直并将继续坚定地走在推动农村儿童健康和教育改善的道路上。

在长期的一线实践和研究过程中,我们认识到要提高农村地区的人力资本质量需从根源着手或是通过有效方式,为此,我们持续在"婴幼儿早期发展"领域进行探索研究。国际上大量研究表明,通过对贫困家庭提供婴幼儿早期发展服务,不仅在短期内能显著改善儿童的身体健康状况,促进其能力成长和学业表现,而且从长期来看还可以提高其受教育程度和工作后的收入水平。但是已有数据显示,中低收入国家约有 2.49 亿 5 岁以下儿童面临着发展不良的风险,中国农村儿童的早期发展情况也不容乐观。国内学者的实证调查研究发现,偏远农村地区的婴幼儿早期发展情况尤为严峻,值得关注。我国政府也已充分意识到婴幼儿早期发展问题的迫切性和重要性,接连出台了《国家中长期教育改革和发展规划纲要(2010—2020 年)》《国家贫困地区儿童发展规划(2014—2020 年)》《国务院办公厅关于促进 3 岁以下婴幼儿照护服务发展的指导意见》(2019 年 5 月)、《支持社会力量发展普惠托育服务专项行动实施方案(试行)》(2019 年 10 月)和《关于促进养老托育服务健康发展的意见》(2020 年 12 月)。然而,尽管政府在推进婴幼儿早期发展服务上作了诸多努力,国内婴幼儿早期发展相关的研究者和公益组织在推动婴幼儿早期发展上也作了不容忽视的贡献,但是总体来看,我国的婴幼儿早期发展仍然存在五个缺口,特别是农村地区:第一,缺认识,即政策制定者、实施者、行动者和民众缺乏对我国婴幼儿早期发展问题及其对个人、家庭、社会和国家长期影响的认识;第二,缺人才,即整个社会缺少相应的从业标准,没有相应的培养体系和认证体系,也缺少教师/培训者的储备以及扎根农村从业者的人员储备;第三,缺证据,即缺少对我国婴幼儿早期发展的问题和根源的准确理解,缺少回应我国婴幼儿早期发展问题的政策/项目有效性和成本收益核算的影响评估;第四,缺方法,即缺少针对我国农村婴幼儿早期发展面临的问题和究其根源的解决方案,以及基于作用机制识别总结出的、被验证的、宜推广的操作步骤;第五,缺产业,即缺少能够系统、稳定输出扎根农村的婴幼儿早期发展服务人才的职业院校或培训机构,以及可操作、可复制、可持续发展的职业院校/培训机构模板。

自国家政策支持社会力量发展普惠托育服务以来,已经有多方社会力量积极进入到了该行业。国家托育机构备案信息系统自 2020 年 1 月 8 号上线以来,截至 2021 年 2 月 1 日,全国规范化登记托育机构共 13477 家。但是很多早教机构师资都是由自身培训系统产出,不仅培训质量难以保证,而且市场力量的介入加重了家长的焦虑(经济条件不好的家庭可能无法接触到这些早期教育资源,经济条件尚可的家庭有接受更高质量的早教资源的需求),这都使得儿童早期发展的前景堪忧。此外,市面上很多早教资源来源于国外(显得"高大上",家长愿意买单),但这并非本土适配的资源,是否适用于中国儿童有待商榷。最后,虽然一些高校研究机构及各类社会力量都已提供了部分儿童早期发展服务人员,但不管从数量上,还是从质量(科学性、实用性)上,现阶段的人才供给都还远不能满足社会对儿童早期发展人才的需求。

事实上,由于自大学本科及研究生等更高教育系统产出的婴幼儿早期发展专业人才很难扎根农村为婴幼儿及家长提供儿童早期发展服务,因此,从可行性和可落地性的角度考虑,开发适用于中职及以上受教育程度的婴幼儿早期发展服务人才培养的课程体系和内容成为我们新的努力方向。2014 年 7 月起,CEEE 已经开始探索儿童早期发展课程开发并且培养能够指导农村地区照养人科学养育婴幼儿的养育师队伍。项目团队率先组织了 30 多位教育学、心理学和认知科学等领域的专家,结合牙买加在儿童早期发展领域进行干预的成功经验,参考联合国儿童基金会 0—6 岁儿童发展里程碑,开发了一套适合我国农村儿童发展需要、符合各月龄段儿童心理发展特点和规律、以及包括所研发的 240 个通俗易懂的亲子活动和配套玩具材料的《养育未来:婴幼儿早期发展活动指南》。在儿童亲子活动指导课程开发完成并成功获得中美两国版权认证后,项目组于 2014 年 11 月在秦巴山区四县开始了项目试点活动,抽调部分计生专干将其培训成养育师,然后由养育师结合项目组开发的亲子活动指导课程及玩教具材料实施入户养育指导。评估结果发现,该项目不仅对婴幼儿监护人养育行为产生了积极影响,而且改善了家长的养育行为,对婴幼儿的语言、认知、运动和社会情感方面也有很大的促进作用:与没有接受干预的婴幼儿相比(即随机干预实验中的"反事实对照组"),接受养育师指导的家庭婴幼儿认知得分提高了 12 分。该套教材于 2017 年被国家卫生健康委干部培训中心指定为"养育未来"项目指定教材,且于 2019 年被中国家庭教育学会推荐为"百部家庭教育指导读物"。2020 年 CEEE 将其捐赠予国家卫生健康委人口家庭司,以推进未来中国 3 岁以下婴幼儿照护服务方案的落地使用。此外,考虑到如何覆盖更广的人群,我们先后进行了"养育中心模式"服务和"全县覆盖模式"服务的探索。评估发现有效后,这些服务模式也获得了广泛的社会关注和认可。其中,由浙江省湖畔魔豆公益基金会资助在宁陕县实现全县覆盖的"养育未来"项目成功获选 2020 年世界教育创新峰会

（World Innovation Summit for Education，简称 WISE）项目奖，成为全球第二个、中国唯一的婴幼儿早期发展获奖项目。

自 2018 年起，CEEE 为持续助力培养 0—3 岁婴幼儿照护领域的一线专业人才，联合多方力量成立了"婴幼儿早期发展专业人才（养育师）培养系列教材"编委会，以婴幼儿早期发展引导员的工作职能要求为依据，同时结合国内外儿童早期发展服务专业人才培养的课程，搭建起一套涵盖"婴幼儿心理发展、营养与喂养、保育、安全照护、意外伤害紧急处理、亲子互动、早期阅读"等方面的课程培养体系，并在此基础上开发这样一套专业科学、经过"本土化"适配、兼顾理论与实操、适合中等受教育程度及以上人群使用的系列课程和短期培训课程，用于我国 0—3 岁婴幼儿照护服务人员的培养。该系列课程共 10 门教材：《0—3 岁婴幼儿心理发展基础知识》与《0—3 岁婴幼儿心理发展观察与评估》侧重呈现婴幼儿心理发展基础知识与理论以及对婴幼儿心理发展状况的日常观察、评估及相关养育指导建议等，建议作为该系列课程的基础内容首先进行学习和掌握；《0—3 岁婴幼儿营养与喂养》与《0—3 岁婴幼儿营养状况评估及喂养实操指导》侧重呈现婴幼儿营养与喂养的基础知识及身体发育状况的评估、喂养实操指导等，建议作为系列课程第二阶段学习和掌握的重点内容；《0—3 岁婴幼儿保育》《0—3 岁婴幼儿保育指导手册》与《婴幼儿安全照护与伤害的预防和紧急处理》侧重保育基础知识的全面介绍及配套的练习操作指导，建议作为理解该系列课程中婴幼儿心理发展类、营养喂养类课程之后进行重点学习和掌握的内容；此外，考虑到亲子互动、早期阅读和家庭指导的重要性，本系列课程独立成册 3 门教材，分别为《养育未来：婴幼儿早期发展活动指南》《0—3 岁婴幼儿早期阅读理论与实践》《千天照护：孕婴营养与健康指导手册》，可在系列课程学习过程当中根据需要灵活穿插安排其中即可。这套教材不仅适合中高职 0—3 岁婴幼儿早期教育专业授课使用，也适合托育从业人员岗前培训、岗位技能提升培训、转岗转业培训使用。此外，该系列教材还适合家长作为育儿的参考读物。

经过三年多的努力，系列教材终于成稿面世，内心百感交集。此系列教材的问世可谓恰逢其时，躬逢其盛。我们诚心寄望其能为贯彻党的十九大报告精神和国家"幼有所育"的重大战略部署，指导家庭提高 3 岁以下婴幼儿照护能力，促进托育照护服务健康发展，构建适应我国国情的、本土化的 0—3 岁婴幼儿照护人才培养体系，提高人才要素供给能力，实现我国由人力资源大国向人力资源强国的转变贡献一份微薄力量！

史耀疆

陕西师范大学

教育实验经济研究所所长

2021 年 9 月

前　言

为婴幼儿提供安全照护,是保障婴幼儿健康和促进婴幼儿早期发展的重要内容。2016年,国际著名学术期刊《柳叶刀》儿童早期发展第三次系列专刊明确将"安全保障"作为婴幼儿养育照护的五大要素之一。2019年,国务院办公厅印发《关于促进3岁以下婴幼儿照护服务发展的指导意见》,强调"安全健康,科学规范"作为婴幼儿照护服务的四大基本原则之一,要求最大限度地保护婴幼儿,确保婴幼儿的安全和健康。为做好托育机构内的婴幼儿伤害预防工作,2020年1月,国家卫生健康委颁布了《托育机构婴幼儿伤害预防指南(试行)》。

0—3岁婴幼儿处于好奇心强、缺乏安全意识以及身心发展还不完善的发育期,自身抵御危险的能力非常低,极易受到伤害。照养人的安全照护意识薄弱和急救知识技能匮乏是造成婴幼儿伤害发生,甚至危及生命的主要因素。因此,每个照养人都应树立"安全第一"的理念,提高婴幼儿照护过程中的安全意识,预防伤害的发生,并要掌握婴幼儿安全急救的知识。

结合婴幼儿照护环境的特点、常见伤害类型、身心健康影响程度和伤害发生场所等多种因素,本书分为六章对婴幼儿安全照护进行全面阐述:

第一章:婴幼儿安全照护绪论,主要介绍伤害的定义、分类和特点,伤害的影响因素,婴幼儿安全照护的重要性,以及伤害防控的实践和策略建议等。

第二章:家居环境及日常照护安全,包括家装环境及日常照护安全、卧室环境及睡眠照护安全、厨房环境及饮食照护安全、卫生间环境及卫生照护安全、衣物及着装照护安全、玩具及游戏照护安全。

第三章:出行交通和公共场所安全,主要介绍出行交通安全、公共场所安全和旅行安全建议等,还包括入户安全评估实习。

第四章:虐待与忽视的干预及预防,主要介绍忽视与虐待的定义与分类、影响因素与表现,以及干预和预防措施。

第五章:伤害的紧急处理及预防,该章节以生活典型案例的引入方式,重点介绍了跌落伤的处理及预防;擦伤、扎伤的处理及预防;烧烫伤的处理及预防;动物伤害的处理及预防;呛噎导致窒息的处理及预防;婴幼儿常见中毒的处理及预防。

第六章：安全照护及伤害的紧急处理实操指导，主要介绍了家庭安全照护入户评估实习、海姆立克急救法及心肺复苏术开展实操性学习。

本书的编写凝聚了儿童保健、小儿急救、小儿骨外科等儿童伤害相关专科领域专家们的智慧和经验，尤其要感谢中国疾病预防控制中心段蕾蕾教授给予的专业指导，并在编写、反复修改和完善过程中，持续得到了陕西师范大学李英博士和王晨路助理的大力支持，在此一并感谢。

因能力有限，本书内容如存在争议和不全面之处，请各位同道批评指正。

编　者

2020 年 12 月

第一章

婴幼儿安全照护绪论

内容框架

婴幼儿安全照护绪论
- 婴幼儿安全照护的相关定义
  - 儿童伤害的定义
  - 儿童伤害的常见分类
  - 儿童伤害的特点
- 婴幼儿安全照护的重要性
  - 预防和控制儿童伤害是保障儿童健康和安全基本权益的重要体现
  - 伤害已成为严重危害我国儿童健康的重大公共卫生问题
  - 照养人安全意识薄弱是儿童伤害的主因
- 儿童伤害的影响因素
  - 儿童自身因素
  - 家庭因素
  - 社会环境因素
- 儿童伤害的预防和控制
  - 儿童伤害的防控工作实践
  - 伤害的三级预防和控制体系
  - 儿童伤害防控现状及策略建议

学习目标

1. 了解婴幼儿安全照护的重要性；

2. 熟悉儿童伤害的定义和分类及其主要影响因素；

3. 掌握我国儿童伤害防控的实践与策略。

随着我国经济的快速发展,人民生活水平的大幅改善,临床诊疗技术的显著提高,儿童常见的感染性疾病和营养性疾病得到了有效的防治,由此类疾病造成的死亡人数明显减少。但伤害的数目并没有随着科技的发展而减少,由伤害导致的死亡人数甚至超过了因传染病、感染性疾病和营养性疾病死亡的人数,伤害迅速上升成为儿童死亡的主要原因,成为严重的公共卫生问题。

0—3岁婴幼儿处于好奇心强、缺乏安全意识以及身心发展还不完善的时期,自身抵御危险的能力非常低,更易受到伤害。照养人的安全照护意识薄弱和知识匮乏是婴幼儿伤害发生的主要原因。因此,为了最大限度保证婴幼儿的生命安全,每个照养人都应树立"安全第一"的理念,提高婴幼儿照护过程中的安全意识,预防伤害的发生,并要掌握婴幼儿安全急救的知识。

近年来,婴幼儿安全照护得到国内外婴幼儿早期发展领域的高度重视。2016年,国际著名学术期刊《柳叶刀》儿童早期发展第三次系列专刊提出的养育照护框架中,明确将"安全保障"作为婴幼儿养育照护的五大要素之一。[1] 2019年,国务院办公厅印发《关于促进3岁以下婴幼儿照护服务发展的指导意见》,也再次强调"安全健康,科学规范"是婴幼儿照护服务的四大基本原则之一,要求最大限度地保护婴幼儿,确保婴幼儿的安全和健康[2]。

照养人在日常养育活动中,必须营造安全的养育环境,选取安全的材料、途径和方法,尽可能避免婴幼儿在照护过程受到伤害。涉及忽视与虐待婴幼儿的不仅有家长,还包括为婴幼儿提供临时照护服务的照养人,如幼教老师、月嫂和保姆等。婴幼儿安全照护的实现需要所有照养人都了解忽视和虐待的表现及特点,采取必要的干预和预防措施。

第一节　婴幼儿安全照护的相关定义

0—3岁婴幼儿由于好奇心强、缺乏安全意识、身心发展还不完善以及缺乏独立生存能力,很容易受到伤害。然而,婴幼儿伤害的发生很大程度上与照养人的安全意识薄弱和养育疏忽有关。因此,做好婴幼儿的安全照护,加大对婴幼儿照养人安全照护能力的培养力度非常重要。无论是家庭照养人还是保育员或早教老师,都必须将安全照护作为婴幼儿养育照

---

① Black M. M, Walker S. P, Fernald L. H et al. Advancing Early Childhood Development: From Science to Scale [J]. The Lancet, 2016.

② 国务院办公厅. 国务院办公厅关于促进3岁以下婴幼儿照护服务发展的指导意见[EB/OL]. [2019 - 05 - 09], http: www. gov. cn/zhengce/content/2019-05/09/content_5389983. html.

护的首要原则,很多婴幼儿在安全照护方面受到的伤害都是可以避免的。同时,在日常养育过程中,照养人还应注重对婴幼儿进行安全知识教育,使婴幼儿初步了解活动中须注意的安全事项,逐步树立安全意识。另外,照养人还应掌握家庭急救的基本技能,一旦婴幼儿受到伤害,尽可能减少伤害对婴幼儿健康的威胁。

一、儿童伤害的定义

《儿童保健学》第5版将伤害定义为:凡因为能量(机械能、热能、电能等)的传递或干扰超过人体的耐受性造成组织损伤,或因窒息而缺氧以及由刺激引起心理创伤,均称之为伤害。按照造成伤害的意图,伤害可以分为故意伤害和非故意伤害。[①] 故意伤害一般指有目的、有意自害或加害于他人所造成的伤害,也常常将故意伤害统称为暴力。儿童虐待和忽视也属于儿童伤害的一种特定类型。本书将在第四章对儿童虐待和忽视进行系统介绍。

在很长一段时间内,人们曾将伤害称为"意外伤害",认为伤害是意想不到的事件,是不可预测的,因而也是无法控制的。然而,随着医学的发展,目前学者们一致认为,意外伤害虽然是一种突然发生的事件,但它也是一种"疾病",既有外部原因,也存在着内在的发展规律,通过采取适当的措施,可以有效地预防和控制。在很大程度上,儿童伤害的发生与照养人的安全意识和责任心息息相关,只要采取一定的预防控制措施,这类伤害是可以避免的。因此,目前已经不再采用"意外伤害"这一说法。

二、儿童伤害的常见分类

对照国际疾病分类(ICD-10)伤害分类,结合儿童非故意伤害的发生原因,常见的儿童非故意伤害分类有:

1. 交通伤害;

2. 中毒(包括药品、化学物质、一氧化碳等有毒气体、农药、鼠药、杀虫剂,但食物中毒除外);

3. 跌倒、坠落;

4. 动物致伤(狗、猫等咬伤,蜜蜂、黄蜂等昆虫刺蛰等);

5. 烧烫伤;

6. 溺水;

7. 窒息;

---

① 陈荣华,赵正言,刘湘云.儿童保健学(第5版)[M].南京:江苏科学技术出版社,2017:45.

8. 钝器伤（碰、砸、夹、挤压等）；

9. 锐器伤（刺、割、扎、切、锯等）；

10. 触电；

11. 其他（如玩具、烟花爆竹等）。

对故意伤害进行分类调查时，通常分为：

1. 虐待与忽视；

2. 自杀与自伤；

3. 他杀；

4. 欺凌或校园暴力。

三、儿童伤害的特点

一般来说，我国儿童受到的伤害具有如下特点：

1. 按照伤害类型发生频率来看，排名前三位的依次为跌落伤、钝器伤和烧烫伤，其他类型包括异物窒息、动物咬伤、交通事故、中毒、溺水等。

2. 伤害导致死亡的最常见原因是坠落/跌倒、交通事故、异物窒息和溺水，而且交通事故导致的死亡率随着儿童年龄的增加而增加。

3. 儿童创伤发生部位最常见的是头部，挫伤和擦伤是最主要的创伤类型。

4. 南北方常见的儿童伤害类型有所差异，南方以溺水、窒息、交通事故居多，北方则以窒息、中毒、交通事故居多。

5. 按照发生地点，绝大部分伤害发生在家中，尤其是房间、院子、楼梯、楼道等场所。从发生的时间来看，超过50％的伤害均发生在儿童玩耍的过程中。

第二节　婴幼儿安全照护的重要性

伤害威胁着全球儿童的健康和生命，已成为世界范围内儿童的头号"杀手"，成为包括我国在内的世界上大多数国家儿童致伤、致残、致死的最主要原因。每年全球有超过95万18岁以下儿童死于伤害和暴力，其中近90％是非故意伤害；同时，伤害也是我国18岁以下儿童排在第1位的死亡原因，溺水、道路交通伤害、跌落等非故意伤害是常见的致死性伤害，严重影响我国儿童的健康和生命安全。

一、预防和控制儿童伤害是保障儿童健康和安全基本权益的重要体现

1989 年,第 44 届联合国大会通过了《儿童权利公约》决议,1990 年 9 月 2 日决议生效。这是第一部有关保障儿童权利且具有法律约束力的国际性约定。我国是联合国《儿童权利公约》缔约国之一,经 1991 年 12 月第七届全国人民代表大会常务委员会第 23 次会议批准,《儿童权利公约》成为我国广泛认可的国际公约。

作为第一部各国保护儿童的标准的国际法律文书,《公约》明确提出:儿童有生存的权利(基本的生活权利);受保护的权利(免受歧视、虐待及忽视的权利,对贫困儿童给予更多的保护);参与的权利(参与家庭、文化和社会活动的权利)。《公约》要求各国将减少儿童伤害作为履行《公约》的优先领域;要求在父母或他人照料儿童时,要保护儿童免受任何形式的躯体或精神伤害。

我国政府一向重视儿童健康问题和安全保障,在《中国儿童发展纲要(1991—2000 年)》和《中国儿童发展纲要(2001—2010 年)》中,均将保护儿童生存和发展作为优先领域,将降低 5 岁以下儿童死亡率作为重要内容。《中国儿童发展纲要(2011—2020 年)》要求减少儿童伤害所致死亡和残疾,首次将"18 岁以下儿童伤害死亡率以 2010 年为基数下降 1/6"作为儿童健康领域的主要目标之一,并提出了相关策略措施,增补了大量与儿童安全相关的内容。

二、伤害已成为严重危害我国儿童健康的重大公共卫生问题

儿童是伤害发生的重点人群,死亡是儿童伤害中最严重的后果。据世界卫生组织(WHO)估计,2016 年伤害(包含暴力)约造成全球 64 万 0—14 岁儿童死亡,占全部儿童死亡的 9.6%。2013 年全国死因监测数据显示,1 岁以下、1—4 岁和 5—14 岁儿童伤害的死亡率分别为 253.9‰、169.7‰、97.8‰。在我国,伤害是 0—14 岁儿童的第一死亡原因,占儿童总死亡人数的 26.1%,我国 0—14 岁儿童因伤害死亡的发生率是美国的 2.5 倍,是韩国的 1.5 倍。我国每年有超过 20 万的 0—14 岁的儿童因伤害死亡,超过了因传染病和其他疾病死亡的儿童总和,而且这个数字还在以每年 7%—10% 的速度快速增加。

2006 年第二次全国残疾人抽样调查结果显示,儿童因伤害致残的概率为 14.2‰。其中,男孩因伤害致残的比例高于女孩,农村儿童高于城市儿童,我国西部地区儿童高于中部地区儿童和东部地区儿童。最常见的伤害致残类型依次为肢体残疾、智力残疾和听力残疾。

由此可见,伤害已经成为严重危害我国儿童健康的重大公共卫生和社会问题。预防和控制儿童伤害,降低伤害给社会、家庭及儿童造成的疾病负担,应作为我国儿童健康促进领域的优先和重点工作。

三、照养人安全意识薄弱是儿童伤害的主因

因身心发展程度有限,无论在行为能力还是意识层面上,儿童一般无法预知行为导致的后果,自身安全只能依靠照养人的悉心看护。儿童照养人的安全意识薄弱,在养育和照护儿童的过程中疏忽大意,是大多数儿童伤害的主要原因。因此,家庭应作为0—3岁婴幼儿安全照护的责任主体。

我国独生子女政策实施多年,很多城镇家庭的育儿模式往往表现为"4＋2＋1(4个祖父母＋父母＋儿童)"的家庭模式,即六个大人照看一个孩子。值得一提的是,尽管儿童的家庭养育环境得到了较大的改善,但伤害依然在造成婴幼儿死亡的原因中排第一位,儿童伤害事件仍层出不穷:如儿童被独自留在汽车中造成高温致死,儿童被独自留在家中导致坠楼而亡,儿童独自玩耍导致的溺水、触电或发生交通事故也不少见。由此可见,照养人在日常照护的过程中,对儿童安全照护的忽视问题依然普遍存在,有必要在婴幼儿的日常照护活动中对儿童的安全问题引起重视。

第三节　儿童伤害的影响因素

儿童伤害的发生受多种因素的影响,一般来说,影响儿童伤害的主要因素可归纳为儿童自身因素、家庭因素和社会环境因素三类。儿童自身因素主要指的是儿童性格、生理情况、心智成熟情况、性别、年龄等。家庭因素主要是指家庭结构类型、经济收入水平、照养人文化水平、家庭室内环境和家庭周围环境等。社会环境因素主要指社会舆论、国家相关法律法规、传统风俗观念和习惯等。就儿童伤害的发生概率而言,一般农村高于城市,男孩高于女孩,低龄儿童高于大龄儿童。

一、儿童自身因素

儿童伤害类型和伤害发生率与性别和年龄的关系最为密切。相比于婴儿(0—1岁),幼儿(1—3岁)能独立行走,活动范围扩大,而且有较强的好奇心,因此更容易发生烧伤、溺水和坠落等事故。

(一)年龄

在不同年龄段的儿童中,幼儿伤害的发生率最高。同时,尽管伤害不是婴儿死亡的主要

原因,但婴儿伤害的死亡率依然要远高于其他年龄段的儿童。可见,婴幼儿的伤害尤其要引起照养人和社会的重视。

此外,造成不同年龄段儿童死亡的主要伤害类型也不尽相同:婴儿以窒息死亡为主,1—4 岁儿童以溺水死亡为主,而 5—14 岁儿童以交通事故死亡为主。

(二) 性别

在不同年龄段的儿童中,男童的伤害死亡率均高于女童。这可能是因为与女童相比,男童的神经兴奋水平更高,更容易表现出冲动、注意力不集中和好动等行为特点。

二、家庭因素

影响儿童伤害发生的家庭因素主要包括家庭室内环境和周围环境、经济收入水平、照养人文化水平、家庭结构类型等。

安全的家庭环境对避免儿童伤害的发生尤其重要。家庭室内环境中,地面防滑性、儿童床有无护栏、家中取暖设备安全性、常用玩具安全性均与伤害密切相关。家庭周边环境中,500 米内有无湖泊/江河/水塘、儿童经常活动的地方有无障碍物/水源/危险品、户外活动场所的地面类型、户外场所的设备类型及种类多少也与儿童伤害有关。如果人们注重改善家庭环境并重视儿童的生命安全,注意防护,很多儿童伤害是完全可以避免的。

其次,家庭经济收入的多少与伤害之间也有显著关联。一般来说,在低收入家庭中,照养人需要将更多的精力用于保障家庭基本的生活,对儿童的关注度低,低收入家庭也没有更多的渠道了解儿童的安全照护知识,所以发生儿童伤害的概率要高于中高收入家庭。因此,改善家庭经济条件、加强对照养人的安全健康教育等措施,可以有效减少儿童伤害的发生。

三、社会环境因素

社会因素包括国家相关法律法规、社会舆论、传统风俗观念和习惯等方面。儿童伤害的发生与这些社会因素有着密切的关系。

国家和社会对儿童安全和保护的重视程度越高,儿童伤害发生的可能性就越低。如《中华人民共和国未成年人保护法》是全国人民代表大会常务委员会批准的国家法律文件,自 1991 年批准实施。2020 年 10 月 17 日,该法经第十三届全国人民代表大会常务委员会第二十二次会议第二次修订,自 2021 年 6 月 1 日起施行。修订后的未成年人保护法分为家庭保护、学校保护、社会保护、网络保护、政府保护、司法保护等法律条文,其中在第二章"家庭保护"的第十六条明确规定了"未成年人的父母或者其他监护人应当履行下列监护职责:(一)

为未成年人提供生活、健康、安全等方面的保障；（二）关注未成年人的生理、心理状况和情感需求。"

儿童社会生活环境也是一个社会因素。改善儿童社会生活环境包括完善社会公共活动设施的安全管理，如加强小区内的儿童活动场地和滑梯等活动设施的安全管理将减少儿童伤害的发生，加强危险水域的安全设施和对儿童的安全教育也能减少因溺水造成的儿童伤害。此外，较好的道路基础建设水平也有助于减少交通事故导致的儿童死亡和非故意伤害等。

儿童伤害和虐待的发生，在一定程度上还受家庭教育观念和习惯的影响。比如在一些家庭的养育观念中，存在"打是亲，骂是爱"、"一日不打，上房揭瓦"等旧思想。很多照养人并不知道虐待儿童和正常教育的边界，尚未意识到故意取笑、打骂、侮辱、忽视儿童的行为属于虐待。

另外，虐待儿童不仅发生于共同居住的照养人（也包括月嫂、保姆）中，也会发生在托育机构、早教中心、幼儿园等场所中。因此，改善虐童情况不仅需要全社会关注儿童虐待和暴力问题，提高主要照养人的责任心，还需要从社会法律法规等层面，加强对幼儿教师、保姆等婴幼儿照护从业人员的职业道德和责任心的教育，并确立严厉的刑罚后果，以避免虐童事件的发生。

第四节　儿童伤害的预防和控制

儿童伤害同儿童疾病一样，危害儿童的健康和生命。严重的伤害不仅会给儿童造成躯体上的残疾和精神上的痛苦，还会给儿童家庭造成经济上的巨大损失。而低收入家庭本身就存在较高的儿童伤害发生风险，一旦发生儿童伤害，家庭经济负担会更加沉重，儿童及其他家庭成员可能遭受精神创伤，父母甚至可能因儿童伤害而发生争吵，导致家庭不和睦。

做好儿童伤害的预防与控制，可以最大限度地降低儿童伤害带来的负面影响。为此，我国政府及相关部门做了大量努力与工作实践，取得了一些阶段性成果。

一、儿童伤害的防控工作实践

儿童伤害的防控工作需要依托国家和各级政府提供的相关政策保障，包括儿童伤害信息监测系统建设、儿童伤害的预防与干预实践等方面。

(一)国家和各级政府的政策保障

我国政府重视儿童伤害预防控制工作,积极维护和促进儿童健康,不断完善与儿童伤害防控相关的法律法规,相继出台了《未成年人保护法》《道路交通安全法》《产品质量法》和《学校卫生工作条例》等法律法规条例,为儿童伤害的预防控制工作提供了政策保障。

2011年,国务院颁布的《中国儿童发展纲要(2011—2020年)》第一次明确地将预防儿童伤害作为重要内容纳入纲要,同时提出预防和控制儿童伤害的重要措施,明确指出[①]:

1. 制定实施多部门合作的儿童伤害综合干预行动计划,加大执法和监管力度,为儿童创造安全的生活和学习环境,预防和控制儿童伤害的发生。

2. 将安全教育纳入学校教育教学计划,中小学校、幼儿园和社区普遍开展灾害避险及安全知识教育,提高儿童和儿童照养人的自护自救、防灾避险意识和能力。

3. 建立健全学校和幼儿园的安全、卫生管理制度和校园伤害事件应急管理机制。

4. 建立和完善儿童伤害监测系统和报告制度。

这是我国政府第一次在国家级发展规划中较全面、系统、有针对性地论述和制定预防儿童伤害的规划,为开展儿童伤害防控提供了重要的政策保障[②]。

目前,这些儿童伤害防控工作也受到了各级政府、社会的广泛关注和重视,越来越多的地区开始重视和开展儿童伤害防控工作,部分地区还将儿童伤害防控纳入到了当地的儿童发展政策和民生工程中,为促进儿童伤害防控工作、降低儿童伤害死亡率起到了积极作用。

(二)儿童伤害防控的主要实践

1. 建立儿童伤害信息监测系统

2005年国家卫生健康委员会(原卫生部)建立全国伤害监测系统(National Injury Surveillance System,NISS),覆盖43个区(县)的127家监测点医院,持续、系统地开展监测点医院门诊和急诊就诊伤害患者的伤害监测。这是我国第一个以伤害为内容的全国监测系统,为了解我国儿童伤害的流行病学特征和危险因素提供了基础数据,也为明确儿童伤害预防的优先领域提供了重要依据。

另一个重要的儿童伤害数据来源是全国死因监测系统,该监测系统正式形成于1989年,可以较全面地收集包括伤害在内的我国人群死亡相关信息,每年公开发布中国死因监测数据集,提供了我国致死性儿童伤害的基础性数据。

此外,全国伤害综合监测等国家级大型监测、来自公安等部门的道路交通伤害专项监测

---

① 国务院. 中国妇女发展纲要和中国儿童发展纲要[Z]. 2016.
② 耳玉亮,段蕾蕾,王临虹. 进一步推动我国儿童伤害预防控制工作[J]. 中华流行病学杂志,2019,40(11):1350—1355.

也为预防儿童伤害提供了重要数据支持。

2. 儿童伤害的防治实践

根据相关国家政策法规规定和要求,我国卫生、教育、公安、国务院妇女儿童工作委员会等不同政府部门组织实施了儿童安全制度建设、宣传、教育、培训等活动,针对常见伤害类型、覆盖不同年龄段的儿童伤害,开展儿童伤害防控实践。

2003年起,国务院妇女儿童工作委员会、国家卫生健康委员会、中国疾病预防控制中心与联合国儿童基金会合作,在北京市、江西省、江苏省、浙江省的部分地区开展了儿童伤害预防项目,在建立伤害预防多部门合作机制,提升家庭照养人的伤害预防知识水平,减少儿童及其照养人导致伤害的危险行为,降低伤害所造成的健康、经济及社会压力等方面取得了效果。

2006年—2019年期间,中国疾病预防控制中心(Centers for Disease Control,CDC)慢性非传染性疾病预防控制中心针对儿童溺水、儿童跌倒、儿童道路交通伤害、儿童犬抓咬伤、留守儿童伤害等不同伤害类型在不同儿童群体进行了多种模式的干预实践。基于家庭、幼儿园、社区的儿童伤害干预实践,依据国际伤害预防的"5E"策略,开展健康教育预防(education)、环境改善(environmental modification)、产品安全工程(engineering)、强化执法(enforcement)和评估(evaluation)等综合干预。

二、伤害的三级预防和控制体系

大多数情况的伤害是可预防的,采取干预伤害的措施已被证明是低成本和有效的。

(一) 伤害的金字塔结构

根据国家、各省市和社区等可利用的数据资料,统计伤害实际发生频率并获得了伤害发生和干预的金字塔结构。死亡是伤害造成的最严重后果,位于金字塔的塔尖。大量的儿童遭受严重的伤害需要住院治疗,甚至造成终生残疾,更多的儿童因为伤害需要门急诊处理但不需要住院(如图1-4-1)。

(二) 伤害的三级预防

哈登·马特利克提供了一个基本框架即哈登矩阵(Haddon Matrix),将伤害划分为事件前、事件中和事件后三个阶段,每个阶段都有引起事件的因素,包括人为因素、媒介物及环境因素。依照这个框架,有三个层面作为伤害预防的对象而选取可能的干预措施,开展伤害的三级预防。

第一级预防:最重要和优先的,目标是防止伤害的发生,如交通事故、中毒、跌落、住宅

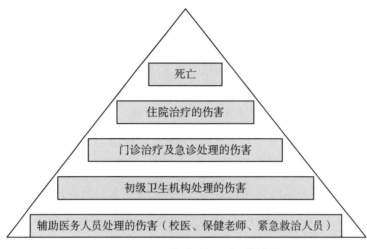

图 1-4-1　伤害的金字塔结构

火宅、狗咬伤等。

第二级预防：保护发生伤害案例中的个人，如使用安全带、儿童安全座椅在车祸发生时保护儿童；在所有家庭安置烟雾报警器等。

第三级预防：伤害事情发生后，提供一定的治疗，以达到尽可能好的预后结果，包括心肺复苏、入院前治疗等。

三、儿童伤害防控现状及策略建议

经过 30 多年的发展以及各部门的协同合作和共同努力，近年来，我国儿童伤害防控工作已经取得了一定成绩。我国儿童伤害死亡状况已得到明显改善，《中国儿童发展纲要（2011—2020 年）》中降低 18 岁以下儿童伤害死亡率的目标也提前实现。

但我国儿童伤害防控的总体发展仍处于起步阶段，儿童伤害防控工作仍存在一些问题，突出表现在：伤害防控相关政策有待进一步完善；伤害防控多部门合作机制尚未充分建立；伤害防控的科学研究不足、证据体系尚未健全；公众对儿童伤害的防控需求未得到满足；伤害防控的公共卫生队伍和伤害防控能力有待加强等多个方面。

针对这些问题，各级政府和社会需要重视儿童伤害的防控工作，通力合作，有效整合资源。为了进一步降低儿童伤害发生率及死亡率，本书对今后我国儿童伤害防控工作有如下策略建议：

（一）依托现有政策，发展和丰富儿童伤害预防政策法规

《"健康中国 2030"规划纲要》中明确将伤害预防控制作为重要工作之一，这是推动我国伤害预防控制工作的重要契机。结合联合国可持续发展目标行动计划,参考发达国家和地区发布的预防儿童伤害国家行动计划或指南,制定和出台我国儿童伤害预防行动计划。

与美国和日本等发达国家不同,我国目前对儿童虐待尚没有进行专项立法,应尽快推动国家相关部门进行相关立法,同时尽快建立各级儿童保护中心、预防儿童虐待监测网和举报电话等,及时发现并迅速干预,使受害者尽快脱离危险环境。

(二) 明确儿童伤害防控优先领域,实施儿童伤害干预

根据儿童伤害的常见类型,应考虑将儿童溺水、道路交通伤害等重点伤害类型作为儿童伤害防控的优先领域,还应充分考虑不同地区儿童伤害实际情况,比如城市与农村地区,沿海、内陆与边疆地区,做到因地施策、因人施策和分类指导。干预宜侧重经济不发达地区儿童、留守儿童、流动儿童等伤害预防需求较大的人群,并促进儿童、家长、教师、儿童照护服务人员等重点人群预防儿童伤害能力的提高。

(三) 加强儿童伤害防控人才队伍和防控能力建设

针对伤害防控的公共卫生队伍有待壮大,伤害防控能力有待加强的现状,应加强队伍建设,将伤害防控课程纳入儿童相关专业人才的培训课程,包括医学院校、中等职业学校、高等职业专科学校等,并加强对在职工作人员开展的能力建设培训,以提高儿童伤害防控能力为重点,同时根据不同工作人员的职责分工,提升其儿童伤害干预设计、实施、评估的能力和健康传播、社会动员等实际工作能力。

在全球范围内,儿童伤害俨然成为严重威胁儿童群体生命和健康的首要问题。因儿童伤害致残或造成死亡带给儿童家庭的打击巨大,对社会经济造成的严重损失更是无法估量。因此,为儿童营造一个相对安全有保障的生活环境,降低伤害的发生率是非常重要的,值得引起社会各界的高度重视。

总的来说,由于"伤害是意外,无法预防控制"的错误观念仍然存在,广大儿童家庭对儿童伤害可控性的认识普遍不足,照养人预防儿童伤害的知识有限,急救技能普遍缺乏。而我国还尚未建立对家长和其他照养人进行持续、系统的儿童伤害预防健康教育和能力建设的工作机制。因此,建立健全伤害预防和控制体系,加强队伍建设和专业人员的培训尤其重要。希望本书能为基层培养更多掌握婴幼儿安全照护技能并会对儿童伤害进行预防和紧急处理的专业人才略尽绵薄之力。

本章主要参考文献

1. Black M. M，Walker S. P，Fernald L. H et al. Advancing Early Childhood Development：From Science to Scale［J］. The Lancet，2016.

2. 国务院办公厅.国务院办公厅关于促进 3 岁以下婴幼儿照护服务发展的指导意见［EB/OL］.［2019－05－09］.http：www. gov. cn/zhengce/content/2019-05/09/content_5389983. html.

3. 陈荣华,赵正言,刘湘云.儿童保健学(第 5 版)［M］.南京：江苏科学技术出版社，2017：45.

4. 中华人民共和国中央人民政府.中华人民共和国未成年人保护法［Z］.2020.

5. 国务院.国务院关于印发中国妇女发展纲要和中国儿童发展纲要的通知［Z］.2016－10－24.

6. 耳玉亮,段蕾蕾,王临虹.进一步推动我国儿童伤害预防控制工作［J］.中华流行病学杂志,2019,40(11)：1350－1355.

第二章

家居环境及日常照护安全

家装环境及日常照护安全 ⎰ 地面和墙面安全
　　　　　　　　　　　 ⎱ 室内门的安全
　　　　　　　　　　　 　 窗户及阳台安全
　　　　　　　　　　　 　 家具安全
　　　　　　　　　　　 　 家用电器安全

卧室环境及睡眠照护安全 ⎰ 婴儿床安全
　　　　　　　　　　　 ⎱ 床上用品安全
　　　　　　　　　　　 　 睡眠照护安全

家居环境及日常
照护安全

厨房环境及饮食照护安全 ⎰ 厨房环境安全
　　　　　　　　　　　 ⎱ 饮食安全照护

卫生间环境及排便与盥洗照护安全 ⎰ 卫生间环境安全
　　　　　　　　　　　　　　　 ⎱ 排便与盥洗照护安全

衣物及其穿脱照护安全 ⎰ 衣物安全
　　　　　　　　　　 ⎱ 衣物穿脱照护安全

玩具及游戏照护安全 ⎰ 玩具安全
　　　　　　　　　 ⎱ 游戏照护安全

学习目标

1. 了解婴幼儿在家居环境及日常照护中的安全隐患；

2. 掌握婴幼儿家居环境及日常照护中婴幼儿伤害的预防措施。

第一节　家装环境及日常照护安全

家居环境安全在婴幼儿成长中十分重要，家装作为家居环境中相对固定的部分，通常是婴幼儿在生活中接触最多的地方。本节将主要介绍地面、墙面、室内门、窗户、阳台、家具和家用电器等方面的安全问题。

一、地面和墙面安全

案例 2-1-1

> 　　2岁的果果喜欢和妈妈待在一起，即使是在妈妈做家务的时候也如此。一次，妈妈在阳台上晾衣服，果果在附近玩耍时，踩到瓷砖地面上衣服滴落的积水，一下子就滑倒了，后脑勺重重地磕在了地面上，大哭不止。妈妈赶紧把果果抱起来，发现果果的后脑勺局部皮肤红肿。
> 　　案例中的妈妈该怎么避免这种情况呢？

地面和墙面在家庭装修中面积最大，通常是家装中婴幼儿接触时间最长的两个部分。如果地面存在安全隐患，将会对婴幼儿的健康和安全产生威胁；有些家庭会在墙面上悬挂或放置一些物品，这些物品一旦坠落，也很可能对婴幼儿造成伤害。

（一）地面防滑

婴幼儿好动且身体平衡能力不佳，如果地面防滑性不高，他们很容易滑倒、受磕碰伤，甚至会有骨折或颅脑损伤的风险。

1. 地面防滑材料的选择

对于婴幼儿家庭，地面材料的安全性和防滑性是非常重要的。家装中最常用的地面材料有瓷砖、实木地板、复合地板、地板革等。一般来说，实木地板的安全性和防滑性最好，一旦婴幼儿跌倒，实木地板的缓冲力可以减轻跌倒带来的伤害。如果受主客观条件限制不能选用实木地板，目前市面上也有一些防滑性较好的复合地板、瓷砖等材料可供选择。

2. 防滑垫的放置

建议在家庭中容易积水的地方铺设防滑垫,比如卫生间和厨房。其他无积水风险的地方不建议铺防滑垫,因为这反而可能成为婴幼儿通过时的障碍物,增加婴幼儿绊倒的风险。防滑垫优先选择底面有防滑颗粒的,以免防滑垫自身成为婴幼儿滑倒的危险因素。有些家庭使用旧毛巾或抹布充当"防滑垫",这种做法是不建议的,因为毛巾和抹布本身的作用是擦拭积水,并不具备防滑功能,如使用不当,反而可能会使人滑倒。

在使用防滑垫的过程中,要注意定期检查其底面防滑颗粒是否有磨损、边角有无翘起或表面破损的情况。如果发现防滑垫存在上述情况,建议及时更换。

3. 防滑鞋的选择

婴幼儿活泼好动,所以即便家装时选用了防滑地板,也建议照养人给婴幼儿配备合适的防滑鞋。应优先选用牛筋底或橡胶底的防滑学步鞋。防滑学步鞋的鞋底一般凹凸比较明显,触感不平滑。不建议给婴幼儿选用易滑倒的塑料等材质做鞋底的鞋子。

婴幼儿鞋的鞋面固定首选粘扣类,而不是系带类。因为在婴幼儿足部活动时系带类鞋面的系带容易松开,如果照养人不能及时发现并处理,松开的鞋带可能会绊倒婴幼儿。

4. 其他防滑措施

除以上因素外,地面防滑还要注意及时清理地面污物,尤其是积水,防止婴幼儿踩踏滑倒。

(二) 整理收纳地面物品

有些照养人喜欢将生活杂物、植物或其他物品随手放在地面上,时间长了会发现东西堆放得越来越多。这种生活习惯不仅影响家庭环境的美观和整洁,还会增加婴幼儿安全问题的发生风险。

1. 物品收纳

有些家庭会将闲置物品或生活常用品堆放在房间角落或沿墙摆放,而且部分物品可能外观不够圆滑或有锐利的边角,婴幼儿在附近玩耍时容易绊倒或发生磕碰伤。建议将生活杂物收在专用储藏空间,最好是收入婴幼儿无法进入的空间(如上锁的储藏间),不要堆放在地面上。

2. 植物摆放

建议将植物放置在婴幼儿不经常通行的房间角落或阳台,悬空摆放时务必保证婴幼儿够不到植物悬垂下来的茎叶,以降低婴幼儿绊倒或砸伤的风险。

另外,有婴幼儿的家庭不宜养带刺或汁液有毒的植物,如仙人掌、铁观音等,以防婴幼儿扎伤或中毒。

(三）墙面安全挂物

有些家庭喜欢墙面挂画或安放置物架来摆放物品。如果家庭中有婴幼儿，请照养人务必定期检查挂画固定件和置物架的牢固程度，如发现固定件（如螺丝钉）不稳或置物架晃动应及时取下，避免砸伤婴幼儿。尤其提醒照养人，即使墙面螺丝及物品摆放没有问题，但在有"过堂风"的气流较大的风口位置，也不建议在墙面挂画或置物，以免因气流原因导致物品掉落而伤害婴幼儿。

另外，照养人要注意将挂画和置物架置放在婴幼儿够不到的墙面上，以防他们好奇够取后，被掉落物品砸伤。墙面废弃的螺丝钉或挂钩等固定件要及时取下，不留安全隐患。

二、室内门的安全

案例 2-1-2

一天，爸爸和工人正在把新买的冰箱搬进厨房，3 岁的小明一直好奇地围在旁边观察，工人在门口后退着搬运冰箱的过程中没有注意到站在身后的小明，一下子把小明撞倒在地，所幸工人及时收脚，没有发生踩踏等更严重的事情，小明只是受了些皮肤擦伤。

对于婴幼儿家庭，在家中搬运或修理大件家具/电器时有哪些安全注意事项呢？

一般来说，家居环境中会有多个室内门，很多家庭为了预防关门时夹伤婴幼儿都会安装防撞垫，但其实室内门还有其他安全隐患需要引起照养人的注意。

（一）安装防撞垫

随着活动能力的增强，婴幼儿会越来越喜欢在室内的不同空间往返穿行，甚至快速奔跑来获取更多的活动体验。不停地开关门动作会增加婴幼儿手脚、身体甚至头部被门夹伤的风险。

对于有 0—3 岁婴幼儿的家庭，最好安装门后安全吸垫和防撞垫，以防气流或家庭成员无意行为等原因使门突然关闭而撞伤或夹伤婴幼儿。安全吸垫可在开门后固定门扇，且不受室内气流影响；防撞垫可使门扇在关门时不会关闭太严。另外，在门扇内外的门把手之间绑上一条厚毛巾或针织物，也能起到与防撞垫类似的作用。

（二）安装合适的门把手

婴幼儿好动，往往会有些无法预测的突发行为。婴幼儿在室内门附近活动时，一旦快速奔跑或出现较大的肢体动作时，有可能会撞到门把手，这个时候边缘锐利的门把手就可能成为婴幼儿的安全隐患。因此，有婴幼儿的家庭在进行家装时，建议选择没有尖角、较圆润款式的门把手。

（三）整理房门钥匙

不建议将钥匙一直插在门锁上。如果钥匙一直插在门锁上，可能会导致婴幼儿在门附近活动时撞到钥匙引发磕碰伤。

同时，所有卧室、书房、卫生间等室内独立空间的门钥匙建议不要放在房间里面，至少准备一套备用钥匙放在开放的门厅。若婴幼儿误将自己反锁在房间内，照养人可以使用备用钥匙第一时间打开房门，从而最大限度地降低婴幼儿发生室内伤害的风险。

（四）不主动在门口停留

房门是家庭成员经常出入通行的地方，宽度又有局限，一旦婴幼儿在房门处发生碰撞、踩踏等"意外"事件很难及时躲闪。而且婴幼儿身高较低，容易处于照养人的视野盲区，他们在门附近活动时不易被家庭成员看到，尤其是在家庭成员行动比较快或搬运物品通过房门的时候，很容易被碰撞甚至踩踏。因此，照养人要以身作则，没有特殊情况不主动在房间的各个门口停留，并引导婴幼儿养成不在门口停留的习惯，以防他们被出入的家庭成员误撞而受到伤害。

（五）开关门前确认婴幼儿位置

婴幼儿活泼好动，活动范围往往难以预测。保险起见，家庭成员在通过不同的房间门以及开关门之前，建议先确认婴幼儿是否在门附近，以免通行、开关门过程中撞伤、夹伤婴幼儿。另外，建议照养人在开门之前先确认门后面是否有人，开门时动作要轻缓。

（六）不鼓励在室内门附近进行"躲猫猫"游戏

"躲猫猫"是大多数婴幼儿都很喜爱的游戏。玩"躲猫猫"游戏时，他们比较喜欢躲在容易躲藏的房间门两侧。为了保持身体平衡或支撑身体，婴幼儿可能将手臂展开并把肢体或肢体末端放到房门门轴处，此时如果有人打开房门，有可能会对婴幼儿造成夹伤甚至发生骨折。

有婴幼儿特别是有二胎的婴幼儿家庭,应避免婴幼儿在房门附近游戏,以免发生夹伤等误伤事件。

三、窗户及阳台安全

 案例 2-1-3

> 爸爸妈妈因为工作繁忙,将2岁半的毛毛交由奶奶一人看护。一天,毛毛正在卧室睡觉,有亲戚给奶奶打电话,奶奶怕吵醒熟睡的毛毛,便去隔壁房间接电话。没过一会儿毛毛醒了,他在屋里没看见奶奶,便爬到阳台的凳子上往楼下张望,不慎从十层跌落。所幸,毛毛在坠落的过程中被楼下的阳台雨棚接住,然后被紧急送往医院救治。
>
> 对于有婴幼儿的家庭,窗户及阳台有哪些安全注意事项呢?

婴幼儿从开放式阳台或窗户跌落案例时有发生,发生此类事件时,婴幼儿轻则划伤,重则骨折、残疾或死亡。照养人对开放式阳台及窗户的安全防护都不能大意,应及时排除婴幼儿相关的安全隐患,防患于未然。

(一)安装安全防护

建议在阳台入口安装婴幼儿安全栅栏,避免婴幼儿独自进入开放式阳台。

安装窗户的封闭阳台的危险系数低于开放式阳台,但也要注意防止婴幼儿从窗户爬出。不论安装的是推拉窗还是平开窗,都要保证窗户打开的宽度不能宽于婴幼儿的头部或躯干。此外,可以安装开窗固定器或安全防护锁,以防他们从窗户爬出。高层楼房建议安装窗户防护栏杆,进一步防止婴幼儿从窗户跌落。

(二)物品合理摆放

阳台和窗户边不建议摆放婴幼儿可借力攀爬的床、沙发、柜子、桌椅等家具,不堆放箱子等杂物,以防他们踩在家具或杂物上爬高、翻越阳台或窗台后发生危险。

(三)禁止婴幼儿单独停留

阳台是容易发生婴幼儿坠落的危险区域,尤其是开放式阳台。如果缺乏足够的安全防护,照养人应严禁婴幼儿在阳台上单独停留玩耍。

即便是照养人陪同婴幼儿出入阳台,也不能掉以轻心:应避免将婴幼儿抱得太高,以免他们看到阳台外的人或事物过于兴奋而挣脱照养人的手臂,从阳台坠落。

四、家具安全

案例 2－1－4

2岁的果果对家里的五斗橱非常感兴趣。因身高受限,果果只能打开最下面两层抽屉,一天,果果在抽屉里翻找一番后踩着下面打开的抽屉向上攀爬。因五斗橱没有固定在墙面,在攀爬的过程中五斗橱翻倒,果果被重重地压在地上,当场死亡。

对于有婴幼儿的家庭,五斗橱这类家具有哪些安全注意事项呢?

案例 2－1－5

为了节省空间,妈妈买了一个能折叠的立式圆形餐桌。一天,忙碌的妈妈在餐桌上放了苹果、点心还有水杯后又转身去洗衣服。3岁的丁丁想吃苹果便伸手去拿,可是怎么也够不着,便爬上椅子把上半身斜压在餐桌上去够。丁丁压着的一侧是餐桌折叠的受力侧,在快要拿到苹果的瞬间,餐桌表面突然倾斜,丁丁跌落。桌面上的物品全部砸在丁丁的脸上和身上,丁丁鼻腔出血,又疼又怕,嚎啕大哭。万幸的是,水杯里没有热水,否则丁丁不仅会被砸伤,还有可能会被烫伤。

对于有婴幼儿的家庭,折叠收放类家具有哪些安全注意事项呢?

家具在家居环境和生活中具有非常重要的作用,可以储存物品、装饰家装环境,并为人们的生活提供方便。但是在婴幼儿眼里,家具等物品都是他们非常感兴趣、想去探索的"宝藏",所以也存在一定的安全隐患。婴幼儿的日常照护中,因家具而引发的危及婴幼儿安全的事件屡见不鲜,照养人在家具选购、摆放和存放时都要考虑周全,规避可能伤害婴幼儿的危险因素。

(一) 储物类家具安全

1. 选择安全的款式

衣柜、书柜、五斗橱等储物类家具，应尽量选择外表面简洁、无复杂零部件的款式，以减少零部件松动、掉落的风险。

尽量选择边角圆润不尖锐的款式，包括门扇的边角，以防打开柜门后，在柜子附近的婴幼儿被尖角撞伤、划伤。

2. 固定于墙面

衣柜、书柜和五斗橱等重心较高、重量较重、体积较大的储物类家具建议固定在墙面。尤其是五斗橱，如果没有固定在墙上，打开下面的抽屉会自然形成"台阶"，若婴幼儿踩着抽屉往上爬，很容易因五斗橱重心不稳而翻倒被砸伤。储物类家具在安装时应固定于墙面，可防止翻倒，砸伤婴幼儿。

3. 安装童锁

好奇的婴幼儿很喜欢在柜子里翻找物品，因此较容易被柜门、抽屉夹到手或脚；如果他们顺着打开的抽屉往上爬还会有摔伤的危险。因此，应尽量在柜子的门及抽屉上安装童锁，防止婴幼儿随意打开柜门或抽屉。

4. 整理收纳柜中物品

婴幼儿在探索周围环境时，大多会对家中柜子或抽屉内的物品充满兴趣，翻找的过程对他们来说如同"寻找宝藏"。因此，需要定期精简收纳物品，以防婴幼儿在翻找物品时受到伤害。建议只保留家庭常用物品，及时清理柜子中的杂物。

可入口的家用零碎物品一般体积都较小，如硬币、纽扣等，容易被婴幼儿吞入消化道或误入呼吸道，所以建议把它们放进固定的收纳盒，可预防儿童伤害，又方便家庭成员收纳和使用。

定期检查有小零件的家用物品。如果未能及时阻止婴幼儿打开柜子，他们在柜子里翻找物品的过程中，有可能吞食松动的物品小零件而引起窒息。比如，拉链头松动的旧被罩，拉链头可能会被婴幼儿拉出放入嘴里，甚至卡进呼吸道或吞咽进消化道。

5. 定期检查

储物类家具是家庭中的常用家具，螺丝等五金件可能发生松动或掉下来而被婴幼儿"探索性"地放进嘴里、耳朵里、鼻孔里、甚至尿道和生殖道里，危及其生命安全。因此，为了保护婴幼儿的安全，建议照养人定期检查家具的安全隐患并及时修复。

(二) 台面家具安全

台面家具是指写字桌、饭桌、茶几、电视柜等重心较低、上表面能提供足够的平台来摆放常用物品的家具。相比于存储类家具，台面家具更容易出现在婴幼儿日常活动的空间。台面家具常出现在客厅、活动室、游戏室等处，会靠墙或室内居中摆放，婴幼儿玩玩具、吃饭等日常活动常在台面家具上完成。婴幼儿接触和使用台面家具的频率较高，因此，照养人需要格外注意台面家具的安全隐患。

1. 选择安全的款式

尽量选择圆角、边缘圆润的台面类家具。边缘锐利的台面家具容易划伤婴幼儿娇嫩的皮肤，如果婴幼儿跌倒，头面部撞到尖锐的桌角扎伤五官或磕伤头部，后果则更为严重。因此在购买台面家具时，尽量选择圆角、边缘圆润的家具，避免有尖角、边缘锐度较高的家具。如果已经购买了带有尖角或边缘锐度较高的家具，要加装圆弧形的婴幼儿防护条（角），以免婴幼儿摔倒时发生磕碰伤。

为了节省生活空间，人们有时会购买可以整体收放或局部折叠的台面家具。成人正常使用时一般没有问题，但对于婴幼儿来讲，这类家具容易翻倒，存在一定的安全隐患。如果考虑增加家庭活动空间需要使用收放或局部折叠家具时，建议选择带有儿童锁或至少有两处收放开关的款式，降低因成人误操作或婴幼儿无意识行为而导致伤害的概率。

2. 不铺桌布

桌面不建议铺设桌布。一些家庭为了美观或家居搭配，喜欢在桌子上铺各种材质的桌布，上面再放置果盘、水杯等生活物品，但垂下来的桌布角有被拖拽的可能，继而导致桌布连带上面的物品一起掉落，砸伤儿童。所以，从安全角度考虑，建议有 6 岁以下儿童的家庭不要铺桌布或茶几铺巾。

3. 整理收纳桌面物品

注意整理桌面物品。婴幼儿活动范围内常有桌子、柜子、茶几等家具，不建议在这些家具的台面上摆放盛放热水的杯子、盛放热汤的炊具、电水壶、暖水瓶、茶壶、咖啡壶等容易使婴幼儿烫伤的物品或加热电器，也不要摆放水果刀、剪刀等尖锐器具或玻璃器具等易碎品，以免烫伤、砸伤或割伤婴幼儿。建议将这些物品都放置于婴幼儿触碰不到的地方。

4. 定期检查

同储物类家具一样，台面类家具也涉及一些小零件，同样建议照养人定期检查并及时修理。

（三）小件家具安全

凳子、椅子、梯子、床头柜、小储物柜等小件家具的安全隐患也不可忽视，活泼好动的婴幼儿因这些家具而受伤的案例也时常可见。

1. 选择安全的款式

和台面家具的选择一样,购买小件家具时应尽量选择圆角、边缘圆润的款式。如果正在使用的家具有尖角或边缘锐利,要考虑加装婴幼儿防护条(角),以免婴幼儿摔倒时发生磕碰伤。另外,建议婴儿半岁后,尽量将成人使用的带靠背的椅子靠墙摆放或更换成无靠背款式,并提醒婴幼儿看护人员提高警惕注意排除安全隐患,保证婴幼儿安全。

2. 安全摆放

一些家庭会将带靠背的椅子随意地居中摆放在房间里。2 岁后的幼儿运动能力较强,喜欢到处跑动玩耍,尤其喜欢攀爬、够取高处的物品或站在高处玩耍。对这个年龄段的幼儿来说,带靠背的椅子就变成了有安全隐患的家具。幼儿爬到椅子上之后一般会扶靠椅背,动作幅度较大时椅子可能会失去平衡,连人带椅倾倒在地。若幼儿躲闪不及,头部或身体可能与地面碰撞:正面碰撞可能磕掉门牙、撞破鼻子或嘴唇,背面着地可能发生颅脑损伤,严重者甚至骨折。如果在摔倒的过程中连带撞倒其他物品,导致大件家具砸在婴幼儿身上或热水、热汤等烫伤婴幼儿,后果更不堪设想。

不带靠背的凳子、床头柜、小储物柜、梯子等其他小件家具同理,因为高度合适,随着婴幼儿活动能力的提高及活动范围的扩大,这些小家具很容易成为他们攀爬的"道具"。为了防止婴幼儿跌倒受伤,照养人同样需要关注这些家具的日常摆放。

如果不能更换这些有安全隐患的小件家具,建议将它们摆放在不易倾倒的安全位置,如靠墙摆放,以防婴幼儿攀爬家具后跌落、磕碰和摔伤;或者在不使用这些小件家具时,用一些遮挡物放置在其前面,阻碍住婴幼儿的视线,以免他们关注到这些家具。

3. 安装儿童锁

为了婴幼儿的安全,除了婴幼儿专用玩具柜以外,对其他带抽屉的小件家具,照养人也可以考虑加装儿童安全防护锁。

4. 定期检查

比起上述的大件家具,小件家具在生活中的使用频率会更高,小件家具上的小螺丝、折页等五金件更容易发生松动,照养人要定期检查这些小零件是否松动或缺失。婴幼儿因为身高较低,所以一般在家具较低的位置玩耍,建议照养人在检查时同时关注家具底层,以免在照养人不注意时婴幼儿将这些松动的零件吞入或放入体内。

五、家用电器安全

案例 2-1-6

14个月的丽丽在玩耍时,无意中从抽屉里翻出了一把铜钥匙,正好身旁有一个没有保护装置的外露插座,丽丽就学着大人插电源插头的样子,将钥匙伸到电源插孔里,当即被电流击中。

对于有婴幼儿的家庭,插座有哪些安全注意事项呢?

案例 2-1-7

20个月的玲玲在沙发上睡午觉,奶奶在卫生间洗衣服。沙发下的插线板因短路迸发火星,点燃了垂下的沙发盖巾,随即沙发着火,玲玲哭嚷。奶奶听到了孩子的哭叫并闻到了烟味,马上赶来扑灭了火苗,尽管及时送医,但依然对玲玲的双腿造成了三度烧伤。

对于有婴幼儿的家庭,家用电器有哪些安全注意事项呢?

家用电器因种类丰富、功能齐全而深受大多数家庭的欢迎。随着现代生活节奏的加快,便捷的小家电层出不穷,极大地提高了人们的生活效率和生活品质。但如果照养人忽视了使用家电时的安全隐患,在插接电源、功能性使用、使用后处理等过程中的操作不够严谨小心,这些家电就可能成为危害婴幼儿健康和生命安全的"罪魁祸首"。

(一)安全插接电源

1. 尽量使用墙面插座

建议使用固定于墙面的电源插座。在6岁以下儿童家中,能移动的插线板越少越好。即使是正规产品,如插线板超过使用年限或错误操作,也可能导致插线板负荷过大而发生用电危险;而且插线板的电线如果没有固定好,本身也容易挂拽婴幼儿的身体或手脚,无形中又多了一个安全隐患。因此,建议有婴幼儿的家庭尽量使用墙面插座,如果使用插线板,建议将插线板牢固地固定在墙面,而不是随意摆放在地上或挂在墙面挂钩上。

2. 选择安全插座

有婴幼儿的家庭,电源插口建议使用防水防漏电的安全插座或安装儿童电源保护套,以防婴幼儿出于好奇用手指去触摸从而引发触电。

3. 定期检查插座

定期检查。即使使用墙面固定电源插口,也需要定期检查。如果电器电源插接之后发生松动或迸火星的现象,需要及时修理、更换,否则会有短路或漏电伤人的风险。

(二) 安全选用电器

1. 仔细阅读使用说明书

使用家用电器前,照养人务必仔细阅读说明书,保证严格按照说明书操作,了解清楚家用电器的放置环境要求、连续使用的时间及出现故障后的应急处理等情况说明,以防因操作失误发生触电等危险。

2. 安全选用常用电器

(1) 空调

首选婴幼儿不易碰触的壁挂式空调或中央空调。落地式空调,需确保安装稳固,且周围没有可供攀爬的家具或杂物,以防婴幼儿攀爬致使空调倾倒砸伤婴幼儿。其次,在选购时尽量选择具备童锁功能的空调,这样能避免婴幼儿随意操作而造成触电等意外伤害。

若空调有遥控器,应把遥控器收放在婴幼儿碰触不到的地方,使用后也应收好,以防婴幼儿误操作。

使用空调时,应尽量避免婴幼儿触碰电源或翻动空调折页,以防触电或被折页割伤手指。

避免空调风口直吹婴幼儿,空调温度冬季应在 20—24℃ 之间,夏季在 22—26℃ 之间,根据婴幼儿身体情况适度调整。在晚上睡觉时,用手感受婴幼儿颈后温度,以手感温暖、无汗为宜。

空调长时间使用过程中,应勤通风,以防新鲜空气不足导致室内空气污浊,造成头晕、胸闷等不适感觉。婴幼儿由于体温调节系统仍处于发育阶段,对冷热调节能力差,当室外温差较大时,受瞬间温度变化的影响,容易出现鼻塞、流涕、胸闷等黏膜刺激和胸部症状。

空调长时间不停顿运行会使压缩机负荷过大,可能会毁外机,引起自燃事故,因此在外出时要及时关闭。另外,空调需要定时清洁和维护,如果长时间不清理,空调会累积大量尘螨、细菌和真菌等,容易引起婴幼儿过敏。

(2) 电风扇

尽量选择扇面保护罩网格密集或扇面较高的风扇款式,以防婴幼儿的头发绞入风扇叶或手指塞入保护罩内被扇叶绞伤。

风扇应放置在远离窗口的位置,以免因雨水淋湿或太阳暴晒等自然因素导致电路受损而形成安全隐患；在使用时，风扇应尽量靠墙面摆放，且保证周围没有可供婴幼儿攀爬的家具或杂物。

使用风扇时，风速不宜过大，同时避免婴幼儿长时间对着风扇直吹。

在使用风扇后要及时拔掉电源，以防婴幼儿随意打开电扇而引发意外。

（3）落地电暖气

家用落地电暖气有"小太阳"这种风扇立式落地电暖气、可移动电暖气片和伞形落地灯式取暖器等种类。电暖气与风扇和空调不同，其发热时间长、表面温度高如使用不当，会引发婴幼儿烫伤事故及火灾。如果选购时发现此类家电没有防护网等防止烫伤的装置，则不建议有6岁以下儿童的家庭购买和使用。

（三）定期检查电器零部件

家用电器的零部件较多，照养人需要定期检查电器各组成部分是否完整、零部件是否有松动、电源接口是否断开及电源插口是否有安全隐患等，以防婴幼儿误吸入小零件至呼吸道导致窒息或造成皮肤划伤等伤害。如发现电线绝缘层剥落，需找厂家及时更换电线；如发现电器漏电，务必暂停使用，及时请专业人员处理。

第二节　卧室环境及睡眠照护安全

睡眠占据了婴幼儿生活中的大部分时间，婴幼儿平均每天睡眠12小时以上。因此，睡眠的主要场所——卧室中的环境，对于婴幼儿的健康和安全尤其重要，也是婴幼儿安全照护的主要环节之一。同时，婴幼儿入睡前后一般也是照养人警惕性较低的时间段，更容易发生婴幼儿跌落、窒息等安全事件，需要照养人提高警惕，做好防护。

一、婴儿床安全

案例 2 - 2 - 1

5个月的朵朵独自睡在婴儿房里，晚上翻身趴睡时，不小心把左腿卡在了婴儿床的栏杆中间。朵朵没法翻身平躺，也没法抬头或转头把口鼻露出来，家长在另外一个房间睡觉，没有及时发现，最终朵朵窒息死亡。

对于有婴幼儿的家庭，婴儿床有哪些安全注意事项呢？

（一）选择安全的款式

在选择与购买婴儿床时,应注意婴儿床是否为正规厂家生产,床板和五金件质量是否过关,用料及刷漆是否均为环保材料。若婴儿床使用的是非环保材料,材料中的苯、甲醛等有害物质会危害婴幼儿的健康。

婴儿床的栏杆间距一般不超过 5 厘米,以防婴幼儿将头部或四肢伸出栏杆发生挤压或引发卡顿等其他意外。另外,婴儿床使用过程中需确保栏杆稳固,防止婴幼儿跌落摔伤。

（二）固定及安全摆放

1. 固定婴儿床

为了方便移动,很多婴儿床设计成了安装轮子的款式。但在婴儿床固定后,不建议经常移动,且轮子不是必须的装置。随着婴儿的成长,他们的活动量增多、活动幅度增大,对婴儿床的冲击力也会增大,比起其他部位,轮子是更容易损坏的配件。因此,建议将安装轮子的婴儿床的轮子拆卸下来,直接将床腿放置在地面上使用,以免因婴儿床的随意移动而导致婴儿发生磕碰等伤害。婴儿独睡婴儿床时,建议将婴儿床紧靠墙摆放。

2. 单独摆放婴儿床

为了尽早让婴幼儿形成良好的睡眠习惯,尽量让他们独睡婴儿床,减少和成人睡眠的互相干扰。建议将婴儿床摆放在照养人的房间里,以方便照养人照顾婴幼儿。一般来说,为了婴幼儿的安全考虑,不建议 3 岁以下婴幼儿与照养人分房睡。

3. 婴儿床与成人床并列摆放

为了方便照护,一些家庭会选择将婴儿床和成人床并排摆放。采用这种摆放方式时需要特别注意,把婴儿床靠成人床一侧的栏杆放下后,要使婴儿床与成人床紧靠相连,不能有缝隙,以防婴幼儿手指甚至四肢卡在缝隙中受伤。

4. 婴儿与成人同床睡时的防护

虽然不建议婴儿与成人同床睡,但有些家庭因空间受限,难以做到成人与婴幼儿分床睡。这种情况下,需在成人床不靠墙的一侧安装防护栏,防止婴幼儿从床上跌落受伤。同时,建议在成人和婴幼儿之间设置物理隔挡,例如,将长的硬纸板竖起来首尾固定在成人床两侧,或找来一个足够大的硬纸盒或抽屉,垫上被褥人为地将成人床分出一个区域给婴幼儿"独睡"。这样可以避免熟睡时成人和婴幼儿互相干扰,或成人的身体或被子堵住婴幼儿的口鼻使婴幼儿窒息。

（三）定期检查与及时更换

定期检查婴儿床的零部件。婴儿床的零件不能有松动或缺失,以避免床体不稳或零件掉落被婴幼儿吸入、食入或塞入身体导致意外伤害。

及时更换婴儿床。婴儿床宽度和长度较小会导致婴幼儿睡眠时活动空间小，在翻身或移动时很容易发生磕碰。3岁左右幼儿一般身高可达90—100厘米，也具备了一定的活动能力可以翻出婴儿床，更容易发生跌落等危险。同时考虑到他们身高增长的空间，一般建议3岁以上儿童不再使用婴儿床。在换成正常大小的床之后，建议安装床上防跌落围栏。

二、床上用品安全

案例 2 - 2 - 2

为了迎接新生儿明明的到来，奶奶特意送来两床新棉被，可家里储存空间有限，妈妈就把棉被都堆放在了婴儿床的床尾。某天，新生儿明明躺在婴儿床上独自睡午觉，妈妈在厨房做饭。睡眠过程中明明的无意识活动撞翻了堆放在床尾的棉被，导致头胸部全部被厚厚的棉被压住，窒息夭折。

对于有婴幼儿的家庭，婴儿床上用品有哪些安全注意事项呢？

1岁以内的婴儿每天约有一半以上的时间在床上度过，照养人选择合适的床上用品并养成良好的看护习惯，对于婴幼儿来说，不仅是舒适与否的问题，更与他们的安全息息相关。

（一）选择合适的床垫和被褥

婴儿床床垫的选择应软硬适度，不同姿势躺下后，能够较好地贴合身体各部位。床垫过软或过硬都不利于保护婴幼儿的脊柱，影响骨骼发育。

选择大小和厚度均合适的被子。被子厚度的测试方法为：在婴幼儿睡着后手和脚是否温暖、后颈部是否无汗，如果是，则说明被子厚度合适。

（二）床上勿堆放物品

不要在婴幼儿床上放靠垫、毛绒玩具、备用被褥等，以防他们在翻身时被这些物品堵住口鼻而发生窒息，或踩着这些东西翻越围栏而坠落摔伤。不要在床上放塑料布或塑料袋，以防婴幼儿玩耍时将其套在头上发生窒息。

（三）合理使用取暖设备

冬季使用电热毯、暖水袋等取暖物时，建议在婴幼儿上床之前把床铺加热到温暖即可，然后关掉电热毯、撤掉暖水袋,以防婴幼儿熟睡后被取暖设备烫伤或因长时间受热而引发皮疹。

三、睡眠照护安全

案例 2-2-3

一天,妈妈由于工作繁忙加班到很晚,18个月的东东很想念妈妈,晚上一直哭闹着不肯睡觉。奶奶只好用东东最喜欢吃的棒棒糖哄他入睡,东东含着棒棒糖一会儿就睡着了。可没过多久,东东开始不停地咳嗽,奶奶拍东东的后背也不见效。奶奶赶紧带东东到医院就诊。最终,医生在东东的支气管里发现了一小块棒棒糖碎块。

对于有婴幼儿的家庭,在婴幼儿睡眠时有哪些安全注意事项呢?

在婴幼儿睡眠照护行为中,除了前面讲过的婴儿床及床上用品的选择及使用外,以下几点事项也同样值得重视。

(一) 不口含食物睡觉

为了让婴幼儿尽快入睡,一些照养人有时会拿来婴幼儿喜欢吃的食物让他们躺在床上进食。这种行为不但增加了婴幼儿患龋齿的风险,也带来了很多安全隐患。食物的碎块如果误入呼吸道,很容易堵塞婴幼儿气道而引起窒息,如未及时发现并处理可能会导致婴幼儿死亡。

(二) 不建议让婴幼儿长时间独自睡觉

有些照养人会在婴幼儿睡着时放松警惕,去另外一个房间长时间看电视、洗衣服或做饭等。然而,这些行为会产生较大的生活噪音,万一婴幼儿发生危险,求救的声音会被掩盖;且婴幼儿的活动能力和自救能力都较弱,照养人的忽视或大意,会将婴幼儿置于危险之中,比如婴幼儿跌落受伤、窒息等。所以,建议照养人在婴幼儿入睡后也要适当关注。

第三节　厨房环境及饮食照护安全

厨房是创造美味的家庭空间,里面的工具也是"五花八门",婴幼儿对厨房及里面的物品都会非常好奇;而且陪伴他们较多的照养人会经常在厨房劳作,婴幼儿出于情感依恋也会想办法进入厨房寻找照养人。

但是,对于婴幼儿来说,厨房同样也是"危机四伏"的场所,不仅有刀具等锐利物品、电饭锅等加热电器,还有装各种不卫生不安全物品的垃圾箱;加上婴幼儿的行为不可控,照养人很难预料,因此不建议 3 岁以下婴幼儿进入厨房。

一、厨房环境安全

案例 2－3－1

3 岁的明明喜欢进厨房玩耍,爸爸妈妈没有阻止过他。一天,妈妈切完菜后,将菜刀放在案板上,转身去炒菜。明明跑进厨房,对切好的青菜和菜板很好奇,踮脚去够,被菜刀划伤了手指。

对于有婴幼儿的家庭,厨房有哪些安全注意事项呢?

(一) 安装安全栅栏

对婴幼儿来说,厨房里的大部分物品都具有不同程度的危险性,随意触碰灶台、刀具、锅等物品都有可能受到不同程度的伤害。为了最大限度地保证婴幼儿的安全,建议照养人对 3 岁以下婴幼儿加强看护,限制其进入厨房。如果厨房空间较大,能区分出一块没有锐利物品、电器和垃圾桶的操作空间,可以考虑进行一些有成人陪伴的亲子活动,比如压饼干模型、包饺子等。

如果厨房不能将加热、切菜、扔垃圾的空间区分出来,出于安全考虑,建议在厨房入口安装一个安全栅栏,确保婴幼儿无法进入,并且从小培养婴幼儿不随意进入厨房的意识。如果想开展家庭亲子活动,可在相对较安全的餐厅进行。

（二）婴幼儿要在成人视线范围内活动

建议两位成人一同照养婴幼儿，当一位成人进厨房准备食物时，另一位成人在厨房外面看护婴幼儿，避免婴幼儿在无人照顾时受到伤害。如果家里只有一位成人照看，一定要保证婴幼儿时刻处于成人的视线范围内，比如将婴儿放在婴儿车内，成人做家务时将婴儿推到自己的视线范围内。

（三）整理收纳厨房用具

绝大多数厨房用具都有可能伤害到婴幼儿。刀、叉、剪刀等厨房利器容易划伤婴幼儿；火柴、打火机等点火工具可能烧伤婴幼儿；厨房清洁剂等化学物品如果被婴幼儿误食会引起中毒；垃圾桶内杂物多且不卫生，婴幼儿可能因好奇而随意翻找。因此需要对厨房用具做整理收纳，避免婴幼儿接触这些危险的厨房用具。

一些家庭因空间受限而采用开放式厨房，或因照养人精力有限，很难时刻保证婴幼儿完全没有进入厨房的可能性。即便照养人已经给厨房安装了安全栅栏，也要防患于未然，尽量将厨房用具放到婴幼儿触碰不到的地方。

厨房利器、打火工具、厨房清洁剂、碗筷、食材等物品尽量放到柜子、抽屉里，并安装童锁或放到较高处，防止婴幼儿随意拿取。

锅具等重物尽量放到较低的柜子里并安装童锁，以防婴幼儿随意拿取时被砸伤。无法放到低处的锅具，尽量将放在灶台上的锅把手转到远离过道一侧，避免婴幼儿随意用手抓把手导致锅具掉落。

天然气阀门、煤气灶开关在不使用时需保持紧闭状态。如果开关安装在婴幼儿容易触碰到的位置，要注意给开关加上防护罩，以防婴幼儿随意拧开，引发煤气泄漏、火灾等。

垃圾桶可以选用带盖的款式以防婴幼儿在桶内随意翻找。

（四）安全使用厨房电器

1. 冰箱

冰箱的冷藏柜或冷冻层的储物空间足以装下一个2—3岁幼儿，婴幼儿有可能出于好奇躲到里面而发生意外。另外，冰箱里一般食物丰富，婴幼儿很喜欢到冰箱里寻找食物。如果他们打开冰箱，沿着冰箱隔板向上攀爬拿取食物，很有可能导致物品掉落，进而使婴幼儿被砸伤。建议照养人给冰箱加装童锁，防止婴幼儿随意打开冰箱。避免使用有较小零部件的冰箱磁力贴或装饰物，以防婴幼儿抓取后吞咽。

2. 厨房小家电

用于加热或研磨食物的厨房小家电,如电饭锅、电水壶、搅拌机等,有烫伤、划伤婴幼儿的风险,建议只在厨房内使用。

如果因空间受限,某些厨房小家电只能放在厨房外使用,或难以保证婴幼儿不出入厨房,那么,在小家电的使用过程中,照养人在保证用电安全的前提下,将小家电置于婴幼儿接触不到的地方,如放在稳定的高台上,且旁边没有婴幼儿可攀爬的椅子,或放在加锁的柜子和抽屉里。例如,使用豆浆机后,务必将搅拌转头收好,若随意放在台面上,婴幼儿好奇抓取后,其手指极有可能会被划伤。

二、饮食安全照护

案例 2-3-2

妈妈做完饭后,将一碗刚做好的热汤放在餐桌中间,转身去厨房端炒熟的菜。18个月的冬冬独自坐在餐桌前,出于好奇趴在餐桌上伸手去够汤碗。但因汤水太烫,他的手在躲开的时候不小心将汤碗打翻,滚烫的汤水沿着桌沿儿从冬冬脖子流下来,将他前颈部和腹部皮肤严重烫伤。

对于有婴幼儿的家庭,饮食过程中有哪些安全注意事项呢?

婴幼儿的饮食与成人有很大的区别,如果没有经过系统的学习,照养人可能忽略与饮食相关的危险因素,损害到婴幼儿的身体健康。所以,如何保证婴幼儿的饮食安全是照养人非常需要重视的问题。

(一)乳类喂养安全

1. 母乳喂养安全

一些妈妈会采用躺着的方式给孩子哺乳,认为这样既不影响孩子吃奶,又方便自己休息。但躺着哺乳有许多风险。生产不久的妈妈身体没有完全康复,又因新生儿的到来比较操劳,很容易困倦,尤其在夜间,容易在哺乳的过程中睡着。如果乳房或被褥压住婴儿的口鼻未及时发现会导致窒息。另外,因婴儿胃部发育不完善,躺着喂母乳后如果没有及时拍嗝,婴儿比较容易吐奶,加上月龄较小的婴儿不具备及时翻身的自救能力,被吐出的奶会增加婴儿呛噎甚至窒息的风险。因此妈妈们在哺乳时要特别注意,避免哺乳时乳房或被褥堵住婴儿的口鼻。

2. 人工喂养安全

奶瓶喂养不像母乳喂养一样人员固定，可以由不同的人进行，但考虑夜间进行时，照养人处于困倦状态，所以同样不建议采用躺着喂养的方式。在使用奶瓶喂养婴儿时，建议照养人抱着婴儿靠坐在怀里或靠垫上，避免养成躺着吃奶的习惯，以免发生呛噎甚至窒息。

为了不烫伤婴儿并保证合适的营养浓度，建议先将温水准备好，再加入适量的奶粉调配。奶粉冲泡好后，在给婴儿用奶瓶喂奶前，要注意再次检查水温：检查水温的方法是，照养人滴几滴奶水在自己手腕内侧（此处皮肤较敏感），如果温度适宜，体感不烫再喂养。另外，喂奶前要检查瓶盖已拧紧，以防喂奶时奶瓶倾斜导致瓶盖脱落，液体洒落在婴儿脸上。

3. 喂养时应专注

不论是母乳还是奶粉喂养，在喂奶过程中应避免逗笑、训斥或进行其他与喂养无关的行为，比如讲故事、换衣服等。这些行为都会分散婴儿对进食的注意力，不仅影响食欲进而影响进食量，还有呛噎或窒息的风险。

（二）添加辅食后的喂养安全

婴儿满 6 个月以后，乳汁不足以提供他们每天需要的营养密度和能量，所以需要照养人添加营养丰富的辅食。婴儿 1 岁左右，辅食逐渐过渡为婴儿的主要食物。不管是辅食还是主要食物，比起液体，它们的形态和性质都更加多样化。同时也需要照养人学习必要的营养与喂养知识，保证婴幼儿的健康和安全。

1. 选择合适的食物

3 岁以下的婴幼儿，咀嚼、吞咽、通过咳嗽排出气管异物的能力还未发育完全，在进餐时容易因食物误入气道而发生气道堵塞。因此要给婴幼儿提供适合其年龄段的食物，比如，6 月龄开始进食泥糊状食物，8—9 月龄开始进食柔软的颗粒状食物。尤其要注意：避免选择容易引起呛噎甚至窒息的食物，如整粒坚果（花生、腰果等）、糖块、果冻、含果粒饮料、爆米花等，避免选择带骨刺的鱼、肉，以及羊肉串等带有尖锐物品的食物。

2. 准备合适的餐具和餐椅

准备适合婴幼儿年龄段的餐具，避免使用铁质叉子，易碎的瓷质或玻璃餐具吃饭，以免婴幼儿在使用叉子过程中被扎伤，或因意外打碎餐具而被划伤。

准备合适就餐的安全餐椅，并在就餐时系好安全带，以防婴幼儿从餐椅上滑落、跌伤，同时也能避免婴幼儿在就餐过程中随意走动，帮助其养成良好的就餐习惯。

3. 安全摆放菜肴

照养人在厨房做完汤、粥、面等带有热汤的饭菜后,建议先在厨房放置至温热后,再端到餐桌上,以避免热汤洒出烫伤婴幼儿。在外面的餐厅进餐时,建议将热汤、热粥、热菜等先放在餐桌边晾凉或放在餐桌上远离婴幼儿的一侧,以避免他们触碰后被烫伤。

4. 进餐时的良好习惯与安全照护

随着月龄的增长,婴幼儿的活动能力逐渐增强,尤其在添加固体食物以后,他们在进食过程中可能会突然离开座位走动或跑动。因此,照养人在开始添加辅食时,除了准备好婴幼儿专用餐椅和餐具,还要引导婴幼儿在固定的区域进食,如餐桌。

在进餐过程中,若提醒引导后婴幼儿仍然想要离开餐椅或餐桌,那么建议照养人尊重婴幼儿的意愿,中断喂养行为,待他们重回餐椅或餐桌后,再继续喂养。如果婴幼儿反复多次离开餐桌,则应停止喂养,直至下一餐再提供食物。

就餐时不建议提供电子产品让婴幼儿边看边吃。照养人要帮助婴幼儿培养良好的进餐行为和习惯,用餐时随意走动或进行跑跳等剧烈运动不仅容易引发呛噎或窒息,还容易加重肠胃负担,引起消化不良。

在喂养过程中,照养人应避免逗笑、训斥婴幼儿或进行其他与喂养无关的行为,比如讲故事、换衣服等。这些行为都会分散婴幼儿对进食的注意力,不仅影响食欲进而影响进食量,还会引发呛噎或窒息。

在喂养过程中,应避免婴幼儿躺卧进食。从婴幼儿安全角度考虑,躺卧进食易导致呛噎甚至窒息;而且在进食过饱后躺卧容易引起胃食道反流,也有呛噎和窒息的风险。建议在进餐完毕后,进行一些非剧烈的餐后活动,消化1小时后再躺卧。

第四节　卫生间环境及排便与盥洗照护安全

卫生间因其功能上的特殊性,会装置和存放很多特定的物品,比如马桶、浴缸、洗衣机和各类清洗剂等。对于婴幼儿来说,卫生间也是个"神奇"的场所,会引发他们的好奇心。本节将从卫生间环境及排便与盥洗照护安全两个方面展开介绍。

一、卫生间环境安全

案例 2-4-1

15个月的花花活泼好动，趁育儿嫂转身倒水时溜进卫生间，把玩具小鸭子扔进马桶玩水，为够取小鸭子，不慎头朝下跌落进马桶内。幸好育儿嫂及时发现，一把将花花拽出来。

对于有婴幼儿的家庭，卫生间有哪些安全注意事项呢？

（一）安装安全栅栏

卫生间因防水需求，装修时普遍使用瓷砖。卫生间的地面多积水易滑倒，而且卫生间里通常存放很多盥洗清洁用品和小电器等，对婴幼儿有安全隐患。考虑到卫生间装修的特殊性和功能的复杂性，安全起见，建议避免婴幼儿单独进入卫生间。建议照养人在卫生间入口安装安全栅栏或者安装儿童防护锁，保证婴幼儿不能单独进入，只有成人或年龄较大的儿童才可以打开进入。

（二）禁止婴幼儿单独停留

卫生间里有各类储水用具及电器，对于婴幼儿，有溺水和触电风险，照养人应提高警惕，避免因一时疏忽将婴幼儿单独留在卫生间内而发生意外。同时需要注意的是，即使有照养人陪同，如果照养人对婴幼儿的关注度不够，也可能会出现一些突发事件，导致婴幼儿受到伤害。

（三）地面防滑

相比于家庭的其他空间，卫生间内积水较多，尤其需要注意防滑。有些家庭为了便于打扫而选用光滑的卫生间地面瓷砖，但这也增加了滑倒的风险。因此，建议装修卫生间时选用防滑砖。

在淋浴间内或浴缸底部应放一块防滑垫，在淋浴间门口、出浴缸地面及卫生间瓷盆下放一块吸水垫，以防因脚底或鞋底沾水而滑倒、摔伤。

为了防止照养人及较大儿童跌倒（摔倒的同时，也许会撞伤婴幼儿），建议家庭成员居家时都选用防滑拖鞋。

（四）整理收纳卫生间用品

卫生间内通常存放的洗衣液、消毒水、除雾剂等各种化学喷剂、化妆品和药品等都可能被婴幼儿误食；指甲刀、剃须刀片、易破损的小镜子等物品也可能损伤婴幼儿皮肤。这些物品都建议置于固定于墙面的高柜里或婴幼儿触摸不到的较高的位置，如果只能放在浴室底柜里，建议加装儿童防护锁，防止婴幼儿随意拿取。

（五）安全使用卫生间洁具

1. 坐便式马桶

与蹲便式马桶结构不同，坐便式马桶底部一般有积水且积水在婴幼儿可接触到的范围内。而婴幼儿身体平衡能力和自救能力较弱，一旦脸朝下掉进去，即便水不深也会有溺水的风险。建议照养人对婴幼儿加强看护，避免他们独自进入卫生间。同时建议，使用马桶后，家庭成员要养成盖好马桶上翻盖的习惯，若使用马桶盖固定锁，会进一步增加安全性。

2. 浴缸

为了防止婴幼儿发生溺水意外，除非有洗澡需求，一般不建议在浴缸内长时间存水。有些家庭在刷洗或浸泡较大物件时习惯使用浴缸，此时要避免婴幼儿进入卫生间。

3. 水龙头

一些家庭的水龙头水温是可以调节的，在设置最高水温时，建议不超过 49℃，以防在使用过程中因水温过高而烫伤婴幼儿。

（六）安全使用卫生间电器

1. 洗衣机

（1）安装童锁

婴幼儿活泼好动，可能会因好奇而爬进洗衣机，或躲在洗衣机里玩"藏猫猫"的游戏。因此，无论是否在使用过程中，照养人都要关紧洗衣机门，也可以在洗衣机门上安装童锁。

（2）防止婴幼儿误入

不要在洗衣机附近堆放杂物，以防婴幼儿借由杂物攀爬入洗衣机。另外，需要照养人在使用洗衣机前确认婴幼儿不在洗衣机筒内。

（3）避免存水

波轮洗衣机在使用后应避免存水，以防婴幼儿爬入桶内发生溺水事故。

2. 浴霸

灯泡式浴霸能在短时间内使浴室升温，但灯泡发出的强光可能会灼伤婴幼儿的眼睛，影响他们视觉系统的发育。6月龄以下的婴幼儿还无法独立坐稳,在卫生间内进行盆浴时,照养人要避免婴幼儿直视浴霸灯泡。

3. 电熨斗/挂烫机

有的家庭会将电熨斗/挂烫机放置于卫生间内,照养人需要注意安全使用。电熨斗在使用时表面局部温度可达200—300℃,要避免婴幼儿靠近,以防被烫伤。

4. 卫生间小电器

电动剃须刀、吹风机等卫生间小家电,不使用时要及时拔掉电源插头,同时建议放置于婴幼儿接触碰不到的地方,避免被他们随意摆弄而发生意外。

二、排便与盥洗照护安全

案例 2-4-2

奶奶正在卫生间给8个月的小伟用浴盆洗澡,期间快递员敲门配送快递。考虑到小伟已经可以稳坐在浴盆里了,奶奶在接满水的洗澡盆里放了两只玩具小鸭子后去收快递。等奶奶整理完快递后来到卫生间发现小伟仰面躺在浴盆里一动不动,已经溺水身亡。推测小伟在浴盆里玩玩具时,因重心不稳而仰面栽倒在盆里。

对于有婴幼儿的家庭,盥洗照护过程中有哪些安全注意事项呢?

对于有婴幼儿的家庭来说,盥洗照护过程也同样影响着婴幼儿的健康和安全,卫生间里的水、家用电器、洗涤剂等都可能给婴幼儿带来危险,需要照养人格外注意。

(一) 换尿布安全

在给婴幼儿换尿布时,他们有时不太配合,需要照养人将他们放在安全的场所进行;而且在换尿布之前应将所需物品(比如干净尿布、湿纸巾、护臀霜等物品)准备齐全,不建议中途离开,以免在此期间婴幼儿从尿布台上跌落或发生其他意外。

(二) 洗澡安全

1. 盆浴安全

婴幼儿更喜欢用盆浴的方式洗澡,但因他们身体控制能力差,自我保护意识弱,稍不注意,浴盆也可能成为一个危险因素。在给婴幼儿盆浴的过程中,提醒照养人关注以下几个细节。

（1）准备盆浴洗澡水

婴幼儿皮肤娇嫩,需要用舒适的温水进行沐浴。照养人在准备洗澡水时应按照先放凉水再放热水的顺序往盆里加水,这样做有利于照养人调试水温(一般以 37—38℃为宜),同时也能避免婴幼儿趁照养人不注意而误入澡盆时被先放入的热水烫伤。最好等准备好洗澡水之后再让婴幼儿进入卫生间。

（2）盆浴过程中的安全

对于无法独立稳坐的婴儿,需要照养人在给婴儿盆浴的过程中,用自己的手臂支撑婴儿的胸部或背部上方;也可以购买婴儿浴盆辅助配件,如浴垫或防滑浴网,婴儿可安全地斜靠在浴盆里,以便照养人对其进行清洁。

即使婴幼儿能稳坐在浴盆中,也不能单独将他们留在卫生间。需提前准备好盆浴时需要的物品,如沐浴液,洗发水,浴巾等,避免因照养人中途离开而使婴幼儿发生意外。

要提醒婴幼儿尽量不在浴缸内玩耍,或务必在照养人陪同和密切关注下进行。选择材质安全、款式圆润的、不易碎的浴缸玩具,也可给婴幼儿提供常见的生活物品(如干净的塑料空瓶、纸杯、小毛巾等)玩耍。洗浴玩具在使用后应晾干,避免因长时间潮湿而滋生细菌。

在浴缸内部、出浴缸的地面和卫生间门口应铺防滑垫,避免照养人和婴幼儿摔倒发生意外。

（3）盆浴后安全

盆浴后要及时将盆里的水倒掉,以防婴幼儿独自玩耍时溺水。

2. 淋浴安全

（1）淋浴前准备

淋浴前应先调试水温,温度适宜后再让婴幼儿冲淋。调试好水温后,应将调节的手柄固定,以防婴幼儿在淋浴时因好奇而误操作。淋浴出水最高水温可设置为不超过 45℃,以防在使用过程中因水温过高而烫伤婴幼儿。

同盆浴一样,淋浴时婴幼儿站立在花洒下,有可能因为地面湿滑而摔倒,因此照养人务必在整个过程中避免将婴幼儿单独留在淋浴间。可以提前准备好需要的物品,如沐浴液、洗发水、浴巾等,避免因照养人中途离开而发生意外。

（2）淋浴过程中的安全

淋浴时地面湿滑,应在淋浴间地面上铺设防滑垫,且在淋浴过程中移动时要格外小心,以免增加滑倒磕碰的风险。

（3）淋浴后安全

及时清理淋浴间地漏，不排水时盖上地漏盖避免婴幼儿接触，以防婴幼儿因好奇或不小心将手指或脚趾插入地漏缝隙而受伤。

淋浴后及时清理积水，并通风干燥，以防婴幼儿因地面积水而滑倒摔伤。

第五节　衣物及其穿脱照护安全

案例 2－5－1

2 岁的壮壮穿着新买的帽衫兴高采烈地和姥姥到游乐场玩滑梯。当壮壮坐在滑梯上往下滑时，帽衫上的帽子忽然被滑梯扶手勾住，壮壮的身体由于重力作用顺着滑梯往下滑，但脖子被衣领紧紧卡住了。站在附近的姥姥看到壮壮悬在滑梯半截，赶紧跑过去托住壮壮的脚减缓其颈部压力，其他小朋友家长立即爬上滑梯解下被挂住的帽衫，壮壮才脱离危险。

对于有婴幼儿的家庭，婴幼儿着装有哪些安全注意事项呢？

随着社会经济的不断发展，家庭越来越富裕，生活用品越来越丰富，婴幼儿的穿戴服饰种类越来越多、越来越时尚。但是从健康和避免伤害的角度考虑，照养人需要在照护婴幼儿的过程中注意以下几点。

一、衣物安全

（一）选择舒适安全的布料

购买正规厂家生产的婴幼儿衣物，避免购买三无产品，尤其有明显刺激性气味的衣物。

选择适合婴幼儿皮肤接触级别的安全布料。根据《婴幼儿及儿童纺织产品安全技术规范（GB31701－2015）》，婴幼儿及儿童纺织产品的安全技术要求分为 A 类、B 类和 C 类。婴幼儿纺织产品应符合 A 类要求；直接接触皮肤的儿童纺织产品至少应符合 B 类要求；非直接接触皮肤的儿童纺织产品至少应符合 C 类要求。

婴幼儿的皮肤娇嫩且新陈代谢快,易出汗,需要具有良好透气性和吸汗性的布料制成的衣物来保证他们的皮肤干爽、健康。因此,为婴幼儿购买衣物时,可以选择纯棉、莫代尔等柔软无刺激的面料。婴幼鞋的鞋面也应尽量选择透气、舒适的面料,不推荐过早选用皮革等较硬材质。

(二)选择舒适安全的做工

婴幼儿活动频繁且运动幅度较大,衣服缝合处有可能会磨伤肌肤,在选择婴幼儿衣物时要特别注意缝合处的做工,或选择使用无缝工艺的衣服。

布料缝合线尽量在衣物外侧(非皮肤侧),领子、腋下和裆部等身体关节活动较多处应有防磨内衬,保证婴幼儿活动时的舒适度。

在婴幼儿穿戴新衣物之前,需将衣物缝合处的线头剪掉,尤其是手套和袜子里的线头,避免其缠绕手指或脚趾导致不适或局部血流不畅。如果手套或袜子里的线头较多且不好处理,建议翻过来穿戴。

(三)选择舒适安全的款式

婴幼儿活动幅度较大,容易出汗,应尽量选择宽松、简洁、卫生、安全、便于他们活动的款式。

1. 选择宽松的款式

宽松的衣服更散热和透气,便于婴幼儿运动。0—1岁的婴儿,经常俯卧和爬行,内衣尽量选择领子开口较大或领口侧面有辅助开口的套头款式。如上衣为开衫,尽量选择开口在侧面的系绳式,避免扣子或拉链降低活动时的舒适度。毛衣、外套可选择开衫款,便于穿脱,也可以避免婴幼儿穿脱衣物时因视线被遮挡引起恐慌而哭闹。

2. 不推荐腕部系绳的"套手衫"或婴儿手套

婴儿需要通过手部触摸来促进感知觉的发展,一些照养人因为担心婴儿指甲划伤皮肤而常常选择能包住手部的"套手衫"或者戴上婴儿手套,但这类衣服会阻碍婴儿的探索,不利于他们的生长发育。

有的照养人在给婴儿穿戴"套手衫"时,将腕部的绳子系得过紧,时间久了会导致婴儿手部血液循环不畅,会引起手部肿胀甚至组织坏死,后果不堪设想。

3. 不推荐连帽衫

连帽衫,即衣服上带有帽子的衣服。因为不用单独再携带帽子,一些照养人喜欢给婴幼儿选购。但是衣服上的帽子及系带容易挂套在其他物品上,导致衣领紧勒婴幼儿脖子引发窒息,所以不建议给婴幼儿穿戴。如前面的案例,幼儿在玩滑梯等游乐设施时,在下滑过程中帽子可能会被挂住而导致危险。

4. 不推荐开裆裤

因方便婴幼儿排泄,一些照养人为婴幼儿选择开裆裤。但开裆裤将婴幼儿的会阴部外露,会增加婴幼儿会阴部感染的风险。另外,在抱婴幼儿的时候,开裆裤的裤裆边缘可能紧勒住婴幼儿会阴部皮肤,增加皮肤发生摩擦和损伤的风险。在实际生活中,甚至发生过因照养人长时间竖抱婴幼儿,开裆裤边缘勒住生殖器造成皮肤损伤的案例。

因此,所有年龄段的婴幼儿都不推荐穿开裆裤,建议照养人多准备几条全裆裤给婴幼儿换洗。

5. 选择合适的帽子围巾

外出时,照养人一般会给婴幼儿带上帽子和围巾。帽子首选无多余装饰的简洁款式,以免扣子或装饰品脱落后被婴幼儿放进嘴里引发呛噎甚至窒息。尤其不建议给婴幼儿穿戴颈部系绳的帽子,绳子可能会挂住身边的物品而勒住脖子,增加婴幼儿窒息的风险。

围巾建议选择脖套或短款(能够围脖一圈即可)。较长款围巾不仅清洗、储存麻烦,而且万一婴幼儿在活动时围巾被勾住,还会增加跌倒损伤甚至窒息的风险。

6. 选择合适的鞋

鞋子要选择鞋面面料透气舒适、鞋底软硬合适的,便于婴幼儿活动。婴幼儿的鞋首选粘扣而非系带的款式,一方面便于穿脱,另一方面粘扣的强度不大,不会因系得太紧而影响婴幼儿运动,导致跌倒损伤等危险。

(四) 定期检查衣物

照养人应定期检查衣服上的扣子或装饰品是否牢固,如有松动务必缝合处理或拆下,以免婴幼儿误食。

二、衣物穿脱照护安全

婴幼儿皮肤娇嫩,给他们穿脱衣服时动作要轻柔,避免强拉婴幼儿手臂及腿,以免其手脚脱臼。

给婴幼儿穿脱套头衫时,尽量避免接触婴幼儿面部,以免无意中划伤婴幼儿。在穿脱套头衫经过婴幼儿面部时,避免长时间遮挡婴幼儿视线,而引起婴幼儿恐慌或哭闹。

第六节　玩具及游戏照护安全

一、玩具安全

案例 2－6－1

　　姑姑在地摊上看到一个能发出不同动物声音的塑料小熊，觉得非常可爱，便买来送给 5 个月的玲玲。玲玲很喜欢姑姑送的玩具，每天都把它抱在怀里，还不时放到嘴里啃咬。一周后，玲玲开始咳嗽，妈妈以为玲玲感冒了，便给她吃了些家庭常备的感冒药，吃药一周后玲玲依旧没有好转。妈妈便带玲玲到诊所就诊，诊所医生判断玲玲患上了肺炎，继续治疗一周后玲玲的咳嗽仍未减轻。妈妈带玲玲到市儿童医院检查发现，玲玲的下呼吸道中有一颗螺丝钉，而这颗螺丝钉正是从玩具熊上脱落的。

　　对于有婴幼儿的家庭，玩具有哪些安全注意事项呢？

　　玩具可以为婴幼儿提供丰富的声音、色彩刺激和感觉体验，是婴幼儿喜爱的好"伙伴"。为了保护婴幼儿的健康，在提供玩具前，照养人也要注意以下安全事项。

（一）选择安全的玩具

1. 选择优质的玩具

购买玩具时应选择正规厂家生产的三证齐全的玩具。正规厂家的玩具，其选材、染色、做工的安全风险均较小。不建议在地摊、旅游景区购买证件不全或假冒伪劣的玩具。

如果照养人和婴幼儿有兴趣自制玩具，可以购买合格的玩具材料，例如橡皮泥或彩图涂色绘画等动手制作自己喜欢的造型。

2. 选择适合婴幼儿年龄段的玩具

选择符合婴幼儿年龄段能力发展的玩具。一般玩具说明都会明确提示玩具的适用年龄。有的照养人希望买超年龄段的玩具来提早锻炼婴幼儿的某些能力，但因为玩具不适宜于他们的能力发展,婴幼儿可能并不感兴趣,也无法通过玩具得到相应的能力锻炼。

3岁以下的婴幼儿好奇心强,比较喜欢将看到的任何物品放进嘴里。而超年龄段的玩具可能含有小零件,如小的纽扣、串珠等,这些小零件有可能会被婴幼儿放进鼻腔、口腔引发窒息。

不同类别的玩具可以促进婴幼儿不同能力的发展,每种类别的玩具选择3—5个,基本就可以满足其发育需求,不必购买过多玩具,增加不必要的家庭负担,也不便于玩具的存储和整理。在玩具种类足够多的前提下,相比于增加玩具数量,照养人的陪伴、同一玩具的不同玩法对婴幼儿来说更重要。不同场景的设想、搭建和体验、可以促进婴幼儿观察力、想象力和语言表达能力的发展。例如,照养人可以和婴幼儿一起用积木搭建"车站",让小车从中穿行;用水果蔬菜模型当道具假装在超市购物;用医疗玩具模拟医生看病救治等

除了常见的玩具外,照养人也可以选择绘本和婴幼儿一起阅读。尽量为2岁以下的婴幼儿选择圆角纸板书或撕不烂的布书,以免婴幼儿被较锐利的书角或书页划伤。

3. 有危险的生活用品不可当做玩具

婴幼儿的好奇心强,对他们来说很多生活用品都可以当做玩具。但重量较大、易碎、化学品、体积小能入口(如玻璃杯、硬币、纽扣等)的家居物品务必存放在婴幼儿够不到的地方,以免磕碰、划伤或被婴幼儿吸入或放入体内。

塑料袋也是家庭较常见的物品,也可能被孩子当做玩具。照养人要有意识将塑料袋放到婴幼儿触碰不到的地方,避免他们将塑料袋罩到头上而窒息。

有些生活物品相对安全,可以当做婴幼儿的"玩具",照养人不用太过担心。比如不锈钢盆,可以当镜子照,也可以当"鼓"用筷子敲。

(二)玩具整理收纳

市面上可供照养人为婴幼儿选择的玩具种类很多,有些照养人只管"买"不管"收"。随着家中购买的玩具数量越来越多,若不及时收纳,不仅不利于家居环境的整洁,还容易成为婴幼儿被绊倒摔伤甚至是误食的危险因素。此外,玩具若不及时收纳,很容易丢失或与其他玩具混杂,影响玩耍体验。所以,不论从安全角度还是游戏角度来看,收纳都是个很重要的环节。

建议将玩具都放置于高度1米以下的空间,这样玩具既在婴幼儿的视线范围内,也便于婴幼儿自主够取和收放。建议直接将较大型或较重的玩具放在不阻挡通行的地面上,以防砸伤婴幼儿。

准备婴幼儿专用的玩具置放架和收纳盒,建议用不同颜色区分,便于进行玩具分类。对于1岁以上婴幼儿,可以采用游戏化方式引导并鼓励他们自行将玩具放回原处。比如,假装

当"司机"将"玩具宝宝"送回家,或者和婴幼儿进行收纳比赛等。这样,在培养及时整理好习惯的同时,也能促进婴幼儿的观察能力和动手能力的发展。在收纳中学习归类和比较,对于逻辑思维能力的提升也大有帮助。

(三)定期清洁消毒

玩具上会沾染较多环境中的细菌,而婴幼儿又喜欢啃咬玩具或在玩玩具时将手指放进嘴里吸吮。所以,建议定期给玩具清洗消毒,以免玩具上滋生的细菌过多而导致婴幼儿患腹泻等疾病。

(四)定期检查玩具

照养人应定期检查玩具是否有安全隐患,如存在锋利的边缘、小零件松动或缺失、电池老化等,及时修理或更换玩具。

二、游戏照护安全

案例 2-6-2

出差 2 个月的爸爸十分想念丁丁,刚一到家就兴奋地抱着 4 个月的丁丁玩"举高高"的游戏。时值盛夏,爸爸忘了屋顶正开着风扇纳凉,爸爸把丁丁举过头顶的时候,飞速旋转的扇叶将丁丁的头皮"削"了一大块,送到医院整整缝了 200 多针。

对于有婴幼儿的家庭,游戏过程中有哪些安全注意事项呢?

游戏不仅能促进婴幼儿的能力发展,也能为增进亲子交流和亲子互动提供机会。婴幼儿可以从游戏中体会到快乐和关爱,所以,游戏是他们最喜欢的沟通方式。为了婴幼儿的安全防护,在游戏的选择和设置时,照养人需要注意以下几点。

(一)布置安全的游戏场所

如果游戏前照养人不注意选择场所或游戏中过于放松而疏忽大意,可能会使婴幼儿受到伤害。

建议照养人在家中规划出一个四周封闭的无尖锐边角的安全的婴幼儿游戏区,铺上地垫,婴幼儿可以在此区域内自由玩耍,且动作幅度不过多受到限制。

如果是在家庭以外的空间或区域玩耍,建议照养人时刻关注玩耍的环境(上下前后左右和动态环境):上,指头顶及墙面有无危险的悬挂物,比如吊顶风扇、放置不稳的植物;下,指地面有无掉落的小物件、突起的障碍物等,比如螺丝钉或堆放物;前后左右,指婴幼儿四周的所有物品是否有安全隐患,比如桌椅是否有尖锐的边角,是否有玻璃杯等易碎品;动态环境,指婴幼儿所处空间有无人员突发动作而带来的安全风险,比如是否有突然移动的儿童或打球的成人等。

(二) 选择安全的游戏

处于相对安全的环境中时,照养人也要注意游戏形式的选择,不能因为婴幼儿玩得兴奋或游戏体验新奇而大意。

一般来说,推荐符合婴幼儿年龄段的游戏,比如搭积木、钻洞爬行等。在安全的环境下,婴幼儿如果可以根据自己的身体活动能力而自主进行游戏,一般不会有安全风险。

但在进行身体活动幅度较大的"被动活动"时,照养人要提高警惕,全面考量是否适合婴幼儿玩耍。比如在案例中的"举高高"游戏中,在现实生活中,也曾发生过因照养人活动幅度过大而使怀中的婴幼儿被甩出摔伤的案例。

(三) 游戏中的安全照护

1. 照养人的照护行为

如果婴幼儿在安全的游戏环境下进行同样安全的游戏,是不是就可以减少关注了呢?答案是否定的。因为即使做了一些安全上的准备,也不能完全排除安全隐患,尤其是婴幼儿还处在身体活动能力较弱的阶段。所以,照养人要保证婴幼儿时刻在自己的视野范围内,持续关注,一旦出现各种突发情况能及时响应或施救。

在"手机文化"充斥的时代,照养人尤其不能掉以轻心。婴幼儿在游戏的过程中需要照养人及时回应、鼓励和赞美,这对婴幼儿身心发展十分有益。但若照养人只顾低头玩手机,不仅会错失良好的亲子交流机会,而且有可能因疏忽而导致意外。

2. 进行游戏安全教育

照养人在关注婴幼儿安全的同时,也要提示婴幼儿有意识地进行自我保护。在进行安全教育时照养人要用简洁明晰的语言、简单的身体动作,通过讲故事和角色扮演等方式有耐心地、明确地引导婴幼儿自发的安全活动。比如讲绘本故事,故事的小朋友在马路中间跑,请幼儿指出来,并一起探讨应该怎么做,从而引导幼儿的安全意识;照养人也可以通过角色扮演来模拟危险行为,由幼儿指出来。

安全教育可以选择在婴幼儿状态较好时进行,也可以在婴幼儿做出危险行为或看到其他小朋友的危险后果之后及时进行。比如在游乐场滑滑梯时,一个小朋友头朝下倒着滑,结果脸磕破了,这时应告诉婴幼儿这样的行为非常危险。

表2-1 婴幼儿家居环境及日常照护安全注意事项表*

安全项目		注 意 事 项
家装安全	地面	注意防滑
		易积水处放置摩擦力强的防滑垫
		配备防滑鞋
		及时清理地面污物、积水
		使用储物柜,地面不随意堆放杂物
		植物摆放在墙角
	墙面	墙面装饰要定期检查并修复,保证牢固
		避免在气流较大的位置挂物
		挂物要在婴幼儿触碰不到的地方
		及时清理墙面闲置的钉子、挂钩等零件
	室内门	安装防撞垫
		安装无尖锐边角门把手
		钥匙不长期插在门锁上
		备用钥匙放在开放的门厅
		避免婴幼儿在门附近逗留
		开门时注意婴幼儿是否在门附近
		避免婴幼儿在门附近玩"藏猫猫"等游戏
	窗户及阳台	阳台入口安装安全栅栏,避免婴幼儿单独进入
		阳台窗户安装防护锁、围栏等
		窗户下不摆放婴幼儿易攀爬、跌落的凳子等物品
		禁止婴幼儿单独在阳台停留

* 表格内容系本章知识回顾梳理

安全项目		注 意 事 项
家具安全	储物类家具	选择零件较少、无尖锐边角的家具
		固定在墙面上
		柜门或抽屉门锁紧或安装童锁,防止婴幼儿打开
		定期精简柜中物品,收纳零碎物品
		定期检查并修复家具零件
	台面类家具	选择无尖锐边角的家具
		不铺桌布
		不摆放易烫伤、刺伤婴幼儿的物品
		定期检查并修复家具零件
	小件家具	选择无尖锐边角的家具
		摆放在不易倾倒的位置
		安装童锁
		定期检查并修复家具零件
电器安全	插座	尽量使用墙面插座
		插线板不随意摆放,建议固定在墙面
		使用安全插座,安装儿童电源保护套
		定期检查电源插座
	电器	严格按照说明书操作
		尽量选用婴幼儿触碰不到的壁挂空调或中央空调
		落地式空调要稳固安装,周围无可攀爬物
		空调遥控放在婴幼儿触碰不到的地方
		使用空调时避免风口直吹婴幼儿
		长时间使用空调的室内应勤通风
		空调使用后要及时关闭,定期进行清洁维护
		尽量选用保护罩网格密集或扇面较高的电风扇
		电风扇应尽量靠墙面摆放并远离窗口
		使用电风扇时避免风速过大,避免直吹婴幼儿

安全项目		注 意 事 项
		电风扇使用后要及时拔掉电源
		避免使用无防烫伤装置的落地电暖气
卧室及 睡眠安全	婴儿床	选用正规厂家生产的婴儿床
		婴儿床栏杆间距一般不超过5厘米
		固定婴儿床
		尽量让婴幼儿与照养人"同房不同床"
		婴儿床可靠墙摆放或与成人床并排摆放
		婴儿与成人同床睡时,中间需要有物理隔挡
		定期检查婴儿床零部件
		3岁以上婴幼儿及时更换婴儿床
	床上用品	床垫软硬要适度
		婴幼儿床上不堆放物品、合理使用取暖设备
		被褥取暖物要在婴幼儿上床前关闭或去除
	睡眠	不口含食物睡眠
		定期检查婴幼儿睡眠状况
厨房及 饮食安全	厨房	不建议婴幼儿进入厨房
		厨房门口安装安全栅栏
		厨房利器等危险物品摆放在婴幼儿触碰不到的柜子中
		厨房重物摆放在低处,把手远离过道摆放
		天然气阀门、煤气灶开关不使用时保持紧闭
		尽量选用带盖的垃圾桶
		冰箱安装儿童锁
		避免使用体积较小的冰箱磁力贴
		加热、研磨类的小家电尽量只在厨房内使用
		小家电使用后及时收纳到婴幼儿触碰不到的柜子中
	饮食	避免躺着进食
		喂养乳汁后及时拍嗝

安全项目		注 意 事 项
		奶瓶喂奶时保证瓶盖拧紧
		避免为婴幼儿提供容易引发呛噎的食物
		准备适合婴幼儿年龄段的餐具
		使用安全餐椅并系好安全带
		带热汤的菜肴需放置一段时间后再端上餐桌
		避免婴幼儿在走动、跑跳时进食
		进餐过程中避免逗笑、训斥婴幼儿
卫生间及排便与盥洗安全	卫生间	卫生间门口安装安全栅栏,避免婴幼儿单独进入
		避免婴幼儿在卫生间内单独停留
		注意卫生间地面防滑
		洗涤剂等危险物品摆放在婴幼儿触碰不到的柜子中
		及时盖好马桶翻盖或使用马桶盖固定锁
		浴缸不长期存水
		水龙头水温设置不超过45℃
		无论是否使用,都要紧闭洗衣机盖并使用童锁
		不在洗衣机附近堆放可供婴幼儿攀爬的杂物
		使用洗衣机前确认婴幼儿是否在洗衣筒内
		洗衣机内不存水
		避免婴幼儿洗澡时直视灯泡浴霸
		使用电熨斗/挂烫机时避免婴幼儿靠近
		小家电使用后及时收纳到婴幼儿触碰不到的柜子中
	排便	避免换尿布时中途离开,防止婴幼儿跌落
	盥洗	准备盆浴水时先倒凉水再倒热水
		盆浴水准备好后再让婴幼儿进入卫生间
		盆浴时防止婴幼儿滑倒
		避免在婴幼儿洗澡时中途离开
		洗澡后及时清理地面积水

安全项目		注 意 事 项
		浴缸内外、花洒下、卫生间门口放置防滑垫
		地漏及时清洁,不使用时盖上盖子
衣物及其 穿脱安全	衣物	选择正规厂家生产的婴幼儿衣物
		尽量选择缝合线在外侧的衣物,穿戴前剪掉多余的线头
		选择宽松的款式
		避免穿戴保住手部的"套手衫"或婴儿手套
		避免穿连帽衫、开裆裤
		选择无多余饰品的帽子、围巾
		选择鞋面面料透气、鞋底软硬合适的粘扣款鞋子
		定期检查衣物扣子及装饰品
	衣物穿脱	穿脱衣物动作要轻柔
		穿脱套头衫避免长时间遮挡婴幼儿视线
玩具及 游戏安全	玩具	选择优质的、适合婴幼儿年龄段的玩具
		避免购买有细小零件的玩具
		设置专用的玩具收纳处
		避免婴幼儿将塑料袋、易碎、尖锐物品等当做玩具
		定期检查、清洁消毒玩具
	游戏	在家庭中布置安全的游戏场所
		选择适合婴幼儿年龄段的、安全的游戏
		游戏过程中,保持对婴幼儿的关注,多进行互动
		对婴幼儿进行游戏安全教育

┌ 本章主要参考文献 ┐

1. ［美］斯蒂文·谢尔弗. 美国儿科学会育儿百科(第六版)［M］. 陈铭宇等,译. 北京：北京科学技术出版社,2016.

2. 王玉萍.0—3岁婴幼儿护理与喂养专家方案[M].北京：中国妇女出版社,2016.

3. 妇幼健康研究会.读懂你的宝宝：送给0—1岁婴儿妈妈的礼物[M].北京：人民卫生出版社,2014.

4. 妇幼健康研究会.读懂你的宝宝：送给1—3岁幼儿妈妈的礼物[M].北京：人民卫生出版社,2014.

5. 国家卫生健康委员会.托育机构婴幼儿伤害预防指南(试行)[Z].2021-01-20.

第三章

出行交通和公共场所安全

内容框架

出行交通和公共场所安全

　　出行交通安全
- 童车安全
- 步行安全
- 私家车和出租车安全
- 公共交通安全

　　公共场所安全
- 购物场所安全
- 游乐场所安全
- 公共用餐场所安全

　　旅游安全建议
- 合理安排行程
- 合理安排衣食住行
- 避免走失

学习目标

1. 熟悉婴幼儿出行交通及公共场所中的安全隐患；

2. 掌握婴幼儿出行交通及公共场所中的预防措施。

随着经济水平的提高,交通愈加便利,人们的活动半径也逐渐增大。近年来,越来越多的父母希望带着孩子去探寻更多的生活场景,以丰富的环境刺激来促进孩子的成长,"亲子游"越来越受到人们的喜爱和欢迎。出行交通和公共场所安全也成为照养人需要重点关注的问题之一。

第一节　出行交通安全

婴幼儿和成人一样,不会仅仅满足于家庭内小范围的活动,会经常渴望外出,会随家人一同乘坐汽车、火车、轮船和飞机等各种交通工具。然而,一旦乘坐的交通工具发生交通事故,就会造成婴幼儿磕碰伤、肌肉挫伤、裂伤、骨折,甚至肢体缺损、死亡等严重后果。研究数据显示,道路交通伤害导致的死亡人数位居儿童意外死亡人数中的第二位,交通事故导致的死亡随着儿童年龄的增加而增加[①]。

建议照养人在自驾车出行时,务必准备适合婴幼儿年龄段的婴幼儿安全座椅。如果选择乘坐飞机或高铁,在飞机起降或高铁加速时婴幼儿往往容易因出现耳部不适而哭闹,可提前做好母乳喂养的准备或准备其他液体或食品,通过喂奶、喂水、吃东西等方式为婴幼儿缓解不适。在交通工具内部活动时,注意开关门和移动位置时保护好婴幼儿。

照养人一定要明确自己是婴幼儿健康的第一责任人,在外出时务必提高警惕,保护婴幼儿的健康和生命安全。

一、童车安全

0—3岁婴幼儿身体活动能力和体力有限,外出时照养人可根据需要选择适合的童车推行。

(一) 选购安全的童车

1. 选购正规商品

建议选择正规厂家生产的三证齐全的童车。选择正规厂家生产的童车,童车的材料、部件、工艺和设计一般不会存在安全隐患。

2. 旧车的安全使用

如果使用亲友赠送的使用过的童车,要仔细检查童车各部分的承重情况、判断其是否结

---

① 吴康敏.我国儿童意外伤害现状及干预分析[J].中国儿童保健杂志,2013,21(10):1009—1011.

实,各零部件是否齐全、是否有松动或缺失,车轮磨损情况等。如有条件,可请专业人员对使用过的童车进行整体消毒。

3. 选择合适的配套用品

在童车常规出行功能的基础上,童车的安全设施、防蚊和防晒设施也都很重要,它们会为婴幼儿带来安全舒适的出行体验。

(二)安全使用童车

婴幼儿的安全意识薄弱,即使是坐在童车里也可能会出现无法预知的情况,照养人需要及时发现可能的危险因素,以免其危及婴幼儿的健康及生命安全。

1. 系好安全带

只要婴幼儿坐在童车里,照养人就要有给婴幼儿系上安全带的意识。对于还坐不稳的小婴儿,使其仰面躺在童车里即可。但不管婴幼儿以什么姿势处于童车内,照养人都要随时关注他们的情况,这样不仅能够保证婴幼儿的安全,也有利于促进亲子交流。

2. 安全使用遮阳篷

遮阳篷一般被用于遮挡阳光,但对于坐在里面的婴幼儿来说,遮阳篷不仅能够遮阳,还能起到拦挡坠落物的安全防护作用。尤其对于仰面向上躺在里面的婴幼儿来说,在他们睁着眼睛观察周围时,灰尘颗粒或小物体(比如飘落的树叶)可能会掉在面部引起不适,所以需要遮阳篷来进行安全防护。因此,如果婴幼儿不排斥,建议每次出行时都使用遮阳篷。

3. 安全停靠童车

到达目的地后,照养人要踩童车刹车将童车停稳靠好。即使在路上临时停靠时,照养人也要养成只要停靠停留便踩童车刹车的习惯,以免车轮突然滚动使童车移动而发生意外。

(三)定期检查

照养人要定期检查童车上的配件,以免小零件松动被婴幼儿误食或误入呼吸道,或刹车失灵导致童车滑动不可控而引发意外。

二、步行安全

(一)人行道步行安全

带婴幼儿步行外出时,务必在人行道上行走。

在人行道上行走时,建议照养人靠人行道外侧行走,婴幼儿靠内侧,这样可以尽量使婴幼儿远离车辆。

在交通道路上外出步行时,建议照养人将婴幼儿抱起、固定在童车内或时刻牵着婴幼儿的手,以防婴幼儿突然的不可控行为,比如忽然冲向马路中间、在车辆中间穿行玩耍、情绪失控而不肯行走等。

外出时,建议照养人携带抱婴腰凳或安全背带,以备不时之需,使用前仔细阅读产品说明,使用时应严格遵循产品要求。

(二) 横过马路安全

照养人要以身作则,遵守交通规则,严格按照交通信号灯提示通过人行横道,以防止婴幼儿模仿照养人不遵守交通规则的行为,而带来安全风险。

携带婴幼儿过马路时建议将婴幼儿抱起,以防他们突然跑动而发生交通事故。

三、私家车和出租车安全

案例 3-1-1

一天,爸爸驾驶着一辆私家车在高速公路上正常行驶,妈妈抱着1岁的小小坐在后座。行驶1小时后,突发汽车连环追尾事故。车辆被撞击后,爸爸和妈妈都被安全带保护仅受轻伤,但1岁的小小从妈妈怀里被甩出车窗,当场死亡。

对于有婴幼儿的家庭,私家车有哪些安全注意事项呢?

随着生活水平的提高,为了出行便利,越来越多的家庭会选择自驾车出行,乘坐私家车过程中的婴幼儿安全问题也同样值得照养人关注。

(一) 使用安全座椅

12岁以下儿童乘坐小汽车时,均建议使用安全座椅。发生交通事故时,安全座椅可降低70%以上的儿童伤亡发生。

1. 安全座椅的选择和使用

要选择正规厂家生产的商品,根据婴幼儿年龄(月龄)配置合适规格的安全座椅,并严格按照安全座椅说明书安装、固定和使用(注意安全座椅上安全带的正确使用);尤其需要注意的是,婴儿应使用专用的提篮式安全座椅,且须按说明要求安装,1岁以下婴儿安全座椅需反向安装于汽车后座,1岁以上幼儿安全座椅需正向安装于汽车后座。

若使用亲友赠送的旧安全座椅,应先检查出厂时间,若超过 6 年,可能出现塑料老化等问题;需要检查座椅有无损坏,零部件是否缺失以及是否有说明书。

在冬季时若穿着过厚,尤其是穿着蓬松的外套时,就会很难让安全座椅的安全带扣紧,且不好分辨安全带是否扣好。若由于蓬松的厚外套,安全带并没有扣紧,当意外发生时,儿童就会因为扣松的安全带而飞脱出去。所以使用安全座椅时需要脱掉儿童的外套;不建议让小月龄的婴儿在安全座椅上久坐或长时间睡觉。

许多婴幼儿可能在刚开始坐安全座椅时不习惯,会出现反抗、哭闹等情况,只要持续时间不长,照养人可以尝试平静而坚定地坚持,如果婴幼儿拒绝使用安全座椅,则不发动车;也可使用一些玩具等陪玩逗笑,转移婴幼儿注意力,可以讨论车窗外看到的事物,使乘车过程变成有趣、学习的过程;并在婴幼儿表现良好时及时鼓励,逐渐培养其使用安全座椅的良好习惯。

2. 定期检查

定期检查安全座椅的完整性和安全性,以防安全带等零部件缺失或破损。安全座椅有使用年限,因为随着时间的推移,汽车安全座椅的部件可能老化,弱化对婴幼儿及儿童的保护作用,所以务必保证安全座椅在使用年限内使用。

(二)儿童不可坐在副驾驶座位

12 岁以下儿童乘车时均不能坐在副驾驶座位置,独坐和成人抱坐均禁止。因为汽车的安全气囊和安全带都是依照成人的身体数据设计的,如果婴幼儿及儿童坐在副驾驶座,一旦发生交通事故,这些保护装置不但不能保护婴幼儿及儿童的人身安全,反而可能会导致他们窒息、被甩出车外等,造成严重后果。

(三)婴幼儿侧车门上锁

乘坐汽车时,需要给婴幼儿侧车门上锁,确保婴幼儿不能在车内打开车门,以防婴幼儿私自开门下车,或突然打开车门撞伤车外人员。

(四)行驶时的车窗安全

在车辆快速行进过程中,不建议将车窗开大,以防婴幼儿将肢体伸出车窗外而引发事故。车速较快时,开窗也会产生很强的气流,可能导致婴幼儿身体不适。

如果婴幼儿因好奇将身体伸出车窗外,还可能被其他车辆或车外物品(如树枝)刮伤、撞伤;如果遭遇撞车、追尾等交通事故,身体探出车外的婴幼儿还可能被甩出车外从而导致二次伤害。

建议使用车内空调或新风系统保持车内空气清新。如果想开窗透气,建议打开的窗缝小于 5 厘米,确保婴幼儿的任何肢体都不能伸出车窗外。

(五) 不要将婴幼儿单独留在车内

出行时会遇到不同状况,比如到高速公路休息站使用卫生间、购买商品或办理手续,有的照养人为了方便或考虑到离开时间较短,会把婴幼儿单独留在车内甚至是遗忘在车内,导致婴幼儿翻出车外受伤、在车内中暑等,对婴幼儿的身体健康造成伤害甚至威胁生命。建议照养人不管遇到什么情况,下车离开时都要带上孩子,主要有两方面原因。

首次,汽车内是个密闭空间,尤其在炎热的夏天,阳光直射车厢会导致车内温度急速升高。当气温到达 35℃时,阳光照射 15 分钟,封闭车厢内温度可达 65℃。婴幼儿可能因高温中暑或由于热射病引发神经或脏器受损,甚至可能死亡。

其次,婴幼儿的心智发育不完善,可能会因自己的无意行为而导致事故,比如照养人将钥匙留在车内,而婴幼儿因好奇摆弄钥匙和按钮而启动汽车。

(六) 保证婴幼儿车外保护

婴幼儿必须有成人陪同,照养人不能将他们单独留在停车场或马路边。因为婴幼儿身高较低,独自站在汽车附近时容易处于司机的视野盲区内,会增加发生碰撞或碾压事故的风险。

四、公共交通安全

案例 3-1-2

2 岁的妞妞和奶奶一起乘坐地铁,祖孙俩刚走下楼梯时,响起了地铁的关门提示铃声。奶奶着急上车,赶紧拉着孙女快步跑向地铁车厢门。但当奶奶一脚迈进车厢门时,车厢门正好关闭,夹住了祖孙两人。虽然,车厢门感应后又自动打开,两人没有因此受伤,但因被车厢门挤压了一下,妞妞吓得大哭不止。

对于有婴幼儿的家庭,在乘坐公共交通时有哪些安全注意事项呢?

公共交通工具,包括市内公共汽车、长途汽车、地铁和轻轨、出租车、火车、公园游船或轮船、飞机等,是人们使用频率较高的交通方式。

公共交通工具上人数较多、人员流动性较大,对于婴幼儿来说比较新奇。如果照养人看护不力,在乘坐公共交通的过程中,婴幼儿较容易被车厢内的其他人或物品挤压、磕碰,引起挫伤、骨折甚至发生踩踏、走失等事件。由于出租车的安全注意事项已在前一节中详细介绍，在本部分将主要针对公共汽车、地铁、火车等常见公共交通提出安全建议。

（一）合理分配照护任务

带婴幼儿出行时，建议至少两名照养人同行，一名照养人携带行李、物品，一名照养人专门看护婴幼儿，以防婴幼儿受伤或走失。如果只能由一名照养人带婴幼儿出行，建议尽量少拿或不拿行李，以便更好地看护。

（二）合理安排时间

带婴幼儿外出时，照养人要提前安排好出行计划和时间。即使实际情况比计划延后或出现突发事件，照养人也不能慌乱或动作节奏突然加速。比如乘坐公共汽车、地铁等交通工具时，当车辆已发动或关门提示音响起时，不要急于上车，而是要安心等待下一趟车，以防发生挤压事件。

（三）提高出行警惕

照养人在带孩子外出前要做好出行计划及攻略，提前熟悉行程、站名。在行程中尤其在转乘站时要保证婴幼儿一直在视线范围内，可以抱在怀里、牵手（或手臂）或与其保持一臂之内的身体距离，不要因只关注行程而分散照护婴幼儿的注意。

出行时，照养人要保持对婴幼儿的关注，避免因浏览手机等电子产品或与他人闲聊忽略对婴幼儿必要的看护。

（四）对幼儿进行安全教育

出行前，照养人应先做好幼儿的安全教育，提前说明可能会遇到的情况和风险，如告诉他们过马路时要"红灯停、绿灯行"，有事情要告知照养人不能擅自行动等。另外，建议帮助幼儿记住家庭住址和照养人的手机号码，万一走失可供联络时使用；也可以在婴幼儿的衣服兜里或内衬上印上照养人联系方式备用。

（五）在车厢内坐稳扶好或站稳

乘坐公共交通工具时，如果车厢内有座位或有人让座，要带婴幼儿在座位上坐稳。如果没有座位，照养人可以主动寻求车辆服务员或其他乘客的帮助（让座），尝试温和地说明理由；在时间允许的情况下，也可以考虑等下一趟车。

如只能站立在车厢内，建议照养人选择和孩子站立在相对安全、晃动幅度较小的空间内，比如地铁车厢两侧能够倚靠的角落，这样既能更好地保护孩子，也能帮助自己站立得更稳固。

另外,婴幼儿身高较低,一般在成人站立时的视线盲区内。建议在车厢内站立时,尽量将婴幼儿抱在怀中,以防他们被人流挤压、撞击甚至发生踩踏事件。

(六)不在车厢内随意走动

对婴幼儿来说,公共交通工具内是一个与家居和社区完全不同的、全新的环境,他们可能被车厢内的广告、装饰物或其他乘客的衣着及随身物品所吸引,想要四处走动和触碰。照养人可用轻声讲故事、唱儿歌的方法来转移婴幼儿的注意力,制止他们到处走动,以防婴幼儿受到刮伤、碰伤等突发伤害。

(七)遵从工作人员提示

在乘坐公共交通工具时,提示婴幼儿要注意保持安静、遵从司机和工作人员的提示与指引,保证出行秩序和安全。

第二节　公共场所安全

商场、超市、游乐场等公共场所也是婴幼儿们喜欢并经常出入的地方,城市的大型商场更是涵盖了购物、餐饮、教育、娱乐等生活的方方面面。如果照养人疏忽大意,那么这些场所也会成为损害婴幼儿健康、威胁婴幼儿生命安全的危险地带。

根据公共场所的不同性质和特点,将公共场所安全依次分为购物场所安全、游乐场所安全和公共用餐场所安全。

一、购物场所安全

案例 3－2－1

蹦蹦一家三口一起逛商场,妈妈在商场一层选购衣服,爸爸抱着1岁的蹦蹦上楼四处看看。父子俩在三层走廊闲逛时看到了一层大厅的妈妈,蹦蹦兴奋地向妈妈挥手,突然用脚蹬爸爸的肚子,从爸爸怀里向上窜出。爸爸还没反应过来抱紧蹦蹦,蹦蹦就从爸爸怀里窜出来,翻过三层走廊栏杆坠落到一层大厅,当场死亡。

对于有婴幼儿的家庭,在购物类场所有哪些安全注意事项呢?

购物场所主要包括大型商场、超市等场所,因为人员流动性大,婴幼儿安全装置也没有家里那么面面俱到,照养人带着婴幼儿活动时尤其要注意以下几点。

(一)楼梯和电梯安全

因为箱式封闭电梯有更好的安全性,带婴幼儿乘坐电梯时尽量选择此类电梯;乘坐箱式封闭电梯时,不要让婴幼儿随意按压按钮,以防引发电梯不必要的报警;在进出电梯时不要着急,进入电梯后远离门口站立,以免被电梯门或乘梯人挤压、夹伤。

乘坐电动扶梯或走楼梯时,照养人和婴幼儿应避免玩耍、打闹,严禁在电动扶梯上逆行,以防摔倒受伤或夹伤。

乘坐电动扶梯时,照养人应带婴幼儿靠边站好,切勿随意走动。也可用有保护带的腰凳抱起婴幼儿,并用手臂环抱其上身固定保护。

(二)严禁在门边逗留

严禁婴幼儿在购物场所的出入门旁边逗留,以防被突然开关的门撞伤或挤压。

婴幼儿通过旋转门时需要照养人抱起保护,以防其突然停留或将头部或肢体伸入旋转门缝隙而导致夹伤。

(三)避免在危险位置停留

避免婴幼儿在购物场所内的易碎品或尖锐物附近停留,比如玻璃器皿或陶瓷物件附近,以免婴幼儿失手打碎而被扎伤。

避免抱着婴幼儿在无防护装置的高处停留或张望,如商场的开放式走廊等,以防发生婴幼儿坠落、摔伤事件。

(四)避免奔跑

避免婴幼儿在购物场所内随意奔跑,以防撞到行人、玻璃或橱柜等引发不必要的财产损失和人身伤害。

(五)安全使用购物车

如需使用超市提供的购物车,建议照养人注意购物车上婴幼儿座椅的安全提示,若婴幼儿不符合安全提示的年龄或体重要求,则禁止坐入。不建议婴幼儿坐在购物车内的其他位置。

二、游乐场所安全

案例 3-2-2

2岁的闹闹在某快餐店内的儿童游乐区玩耍,妈妈在外面边吃快餐边看着儿子。闹闹在玩钻洞游戏时,被其他小朋友推了一下倒在地上,正好地上有一根凸起的小铁片把闹闹的额头划伤了。

对于有婴幼儿的家庭,在游乐场所有哪些安全注意事项呢?

与家里的玩具相比,婴幼儿和照养人一般更喜欢儿童游乐场地、户外公园、游泳馆等有着更鲜艳的颜色和更丰富的游乐设施的公共游乐场所。但是,如果不注意游玩过程中的安全防护,这些公共游乐场所也会引发更多危险。

(一)选择安全的游乐场所

选择有正规营业执照且有定期检查合格标识的游乐场所。避免选择地面较坚硬且周围无冲击保护(如水泥地面)、现场设施或固定道具不稳定的场地,尽量选择有软胶地垫、橡胶垫面或草皮等可以防止婴幼儿磕碰伤的地面和墙面保护的儿童游乐场。

(二)选择适合婴幼儿的游乐项目

社区或公园内有很多为成人设计的运动器材,和婴幼儿的身高、体型和力量不匹配,容易造成婴幼儿摔伤、拉伤或夹伤等身体伤害,所以,不建议婴幼儿使用成人的运动器材锻炼身体或玩耍。

根据不同年龄段婴幼儿的身体情况和能力,选择不同的婴幼儿游乐项目,如6—10月龄婴儿可以选择钻洞爬行游戏,2岁以上幼儿可以选择滑梯游戏等。

婴幼儿因身体协调性和控制力不佳,不建议玩蹦床和跷跷板游戏,以防受伤;建议选择在室内有软垫的儿童专用游乐场玩滑梯等适合的游乐设施。

(三)婴幼儿游泳安全注意事项

选择有资质的正规游泳池,严禁在野外的河流、湖泊、水库等没有保护措施的水域内游泳。

婴幼儿必须在儿童泳区玩耍,且成人必须全程陪同和保护;提醒婴幼儿遵守游泳规则,不随意变换泳道,以防与其他人相撞。

下水游玩前,选择适合婴幼儿年龄段和身高的游泳保护装备,并带婴幼儿一起做热身。热身能促进身体血液循环,舒缓韧带,以防水温较冷而引发抽筋,从而呛水甚至溺亡。

建议照养人学习并掌握心肺复苏操作技能,万一婴幼儿发生溺水时,可及时施救。

(四)时刻关注婴幼儿及其周围人员

提醒幼儿避免冲突,如不争抢其他小朋友玩具,远离哭闹的孩子等。

婴幼儿在游乐场玩耍时照养人要时刻关注他们的动向,预判并及时制止婴幼儿可能的危险动作,在有突发事件时及时救助。

注意观察游乐场内其他婴幼儿的言行,提醒幼儿尽量远离或绕开游乐场所内因激动、兴奋而行为失控的婴幼儿,以免被误伤。

(五)关注季节防护

1. 冬季出游

在寒冷的冬季,外出游玩时注意给婴幼儿保暖,尤其是婴幼儿的头部和手脚,以免出现冻伤。

2. 夏季出游

夏季出游时,要注意散热和防晒。中午 12 点至下午 3 点是一天中气温最高、阳光最强烈的时段,尽量避免外出;出门时建议戴遮阳帽、涂抹婴幼儿专用防晒霜;注意及时补充水分,避免在高温封闭的空间长时间停留,预防中暑;夏季尤其要注意蚊虫防护,最好选择防蚊衣裤,喷洒婴幼儿专用防蚊液、佩戴驱蚊手环或粘贴驱蚊贴等防蚊虫用品。

(六)选择适合的穿着

尽量选择宽松柔软的着装,确保婴幼儿运动时动作和肢体协调不受限制。若服饰不够宽松,可能会影响婴幼儿血液循环和生长发育,也会使他们在运动玩耍时受到阻碍。

避免穿带帽子或带有长绳子的衣服,以免婴幼儿在某些设施(如滑梯等)上玩耍时,帽子或带子被缠绕而将婴幼儿拽倒,勒到脖子。

不穿开裆裤,以免婴幼儿在玩耍时会阴部受伤。

婴幼儿游玩时,建议穿能包住脚趾和脚跟的鞋子;如在需要脱鞋的软垫上玩耍,也要穿上袜子保护脚部。

三、公共用餐场所安全

案例 3－2－3

家人一起在餐厅吃年夜饭，2岁的红红坐在妈妈腿上用餐。服务员端上来一大碗热汤，当热汤转到红红面前时，她突然站起来伸手去摸汤碗，右手手掌被烫出了水泡。

对于有婴幼儿的家庭，外出就餐时有哪些安全注意事项呢？

节假日里，很多家庭会选择与亲友在餐厅聚餐，照养人有时也会选择带着婴幼儿外出在餐厅就餐。餐厅是人流量很大的公共场所，如果照养人不提高警惕，也会发生婴幼儿伤害。

（一）固定座位

带婴幼儿用餐时，建议照养人向餐厅借用婴幼儿专用椅，且系好安全带。用餐过程中保证婴幼儿不能随意走动跑动，以防被撞伤或烫伤。

（二）餐具安全

成人使用的筷子、叉子、餐刀、盘子等餐具不能供婴幼儿使用，也不能被当成玩具任由婴幼儿玩耍；建议给2岁以下婴幼儿自带餐具和水杯，如未携带，可向餐厅工作人员借用婴幼儿餐具。

（三）用餐前卫生

照养人应自带婴幼儿免洗洗手液或湿纸巾，这样可以在就餐前且没有条件用流动水洗手时为婴幼儿清洁双手，预防传染病。

（四）预防烫伤

在餐厅用餐，如果照养人不注意防护，可能会发生婴幼儿烫伤事件。热汤、热粥、热菜上桌后放在远离婴幼儿一侧，餐桌上如有加热装置尽量移到餐边柜上，从而减少安全隐患。

（五）避免逗笑或呵斥

聚餐时将注意力放在用餐本身，提醒同桌吃饭的人不要逗笑或呵斥婴幼儿，防止婴幼儿发生气道异物堵塞。3岁以下婴幼儿,磨牙还没有长齐,咀嚼功能差,咳嗽、吞咽等自我保护反射还没有发育完全,在玩耍、哭闹、嬉戏时如果饮食,尤其容易发生呛噎。

(六) 其他外出时就餐安全

不建议购买无卫生保障的食品和饮料,避免消化道感染。游玩过程中如果需要用餐,建议停止移动,不要边走(跑)边吃(喝),避免发生呛噎。

第三节　旅游安全建议

案例 3－3－1

朋朋一家去外地旅游,入住酒店后,妈妈没有要求安装床边护栏。第一天晚上,1岁的朋朋翻身从床上掉到地上导致锁骨骨折,全家人只能取消出游计划,陪朋朋在当地就医。

对于有婴幼儿的家庭,入住酒店时有哪些安全注意事项呢?

旅游是一件快乐又需要考虑周全的事,对于有婴幼儿的家庭来说,旅游需要考虑的事情就更多了。

一、合理安排行程

考虑到婴幼儿身体的适应能力、行程安排复杂度和家庭成员出行强度,建议最小出行月龄不要小于6个月;6个月以上的婴幼儿,视情况而定。

行程安排尽量轻松,不宜过于紧密,以免家庭成员因劳累或紧张而疏忽对婴幼儿的照护,也能避免因过于劳累而出现身体不适。

目的地周边最好有安全、卫生、适合婴幼儿游玩的游乐园、沙滩或动物园等场所。首次旅游建议先考虑郊区游或短途游,逐渐培养婴幼儿的适应能力,之后再适度增加出游距离。

二、合理安排衣食住行

在旅行过程中也不能松懈对婴幼儿衣食住行的安全照护。例如,因婴幼儿容易弄脏衣服,可以酌情多带几件换洗衣物;在外出就餐时注意饮食均衡,合理搭配;可以向住宿的酒店或旅馆申请婴儿床或围栏等。因为外出旅行时周围环境对于婴幼儿来说更为新奇和陌生,因此照养人应格外关注婴幼儿的安全。

三、避免走失

(一) 照养人安全防范

整个出游过程中,照养人要保证婴幼儿时刻不能离开自己的视线,避免婴幼儿走失。

在人员密集的场所游玩时,建议为婴幼儿选择颜色鲜艳的衣服,便于照养人观察行踪。

对于年龄较大的幼儿,出游前要让他们记住照养人的姓名及联系方式,也可以在婴幼儿衣服上缝上照养人的联系方式或在口袋里放上写有照养人信息的小卡片,以防万一。

如有条件,可准备婴幼儿防走失的报警器,并在旅游前教会婴幼儿报警器的使用方法。婴幼儿可在与照养人走散时,拉响报警器,大音量的报警声能迅速起到提醒的作用,帮助照养人及时找到婴幼儿。此外也可以准备定位器,以防万一。

(二) 对幼儿进行安全教育

引导幼儿,外出时不要随意走动,紧紧跟随照养人。一旦和照养人走散,尽量在原地等候,便于照养人找回。

不吃陌生人的食物和饮料。

向身穿制服的工作人员寻求帮助。

确保幼儿能准确记住照养人的联系方式。

防走失教育需要反复、耐心、持续进行,一定要在外出前多次演练。

表 3-1　婴幼儿出行交通及公共场所安全注意事项表[*]

安全项目		注　意　事　项
出行交通安全	童车	选择正规厂家生产的童车
		旧童车使用前要仔细检查
		系好安全带
		出行时安全使用遮阳篷

---

[*] 表格内容系本章知识回顾梳理

安全项目		注 意 事 项
出行交通安全		踩刹车安全停靠
		定期检查刹车及各类配件
	步行	在人行道上行走
		照养人靠外侧,婴幼儿靠内侧行走
		行走时牵着婴幼儿的手、抱起婴幼儿或让婴幼儿坐童车内
		携带安全背带或腰凳
		根据交通规则过马路
		过马路时将婴幼儿抱起
	私家车	按说明书使用婴幼儿安全座椅
		冬季婴幼儿坐安全座椅时避免穿太厚
		定期检查安全座椅
		婴幼儿不坐副驾驶座位
		给婴幼儿侧车门上锁
		行驶时避免车窗开太大
		不将婴幼儿单独留在车内
		避免婴幼儿独自待在马路边或停车场
	公共交通工具	合理分配照护任务,至少两名照养人同行
		合理安排出行时间,不着急不慌乱
		保证婴幼儿一直在视线范围内
		对婴幼儿进行安全教育
		车厢内坐稳扶好,站在相对安全的位置
		避免婴幼儿在车厢内随意走动
		遵从工作人员的指示
公共场所安全	购物场所	优先选用箱式电梯
		站在远离箱式电梯门口处
		避免婴幼儿随意触碰电梯按钮
		避免婴幼儿在楼梯或电梯上玩耍打闹

安全项目		注 意 事 项
		乘坐扶梯时要靠边站好,避免随意走动
		严禁婴幼儿在购物场所的出入口逗留
		通过旋转门时应避免婴幼儿被夹伤
		避免婴幼儿在易碎品或尖锐物周围停留
		避免抱起婴幼儿在无防护的高处停留
		避免婴幼儿在购物场所内随意奔跑
		避免婴幼儿坐在购物车内除婴幼儿座椅外的其他位置
	游乐场所	选择安全正规的游乐场所
		选择适合婴幼儿年龄段的游乐项目
		避免在没有保护措施的水域游泳
		婴幼儿游泳需全程陪同保护
		游泳前需热身
		熟悉心肺复苏操作
		时刻关注婴幼儿及其周围人员
		夏季注意防暑、防晒、防蚊虫叮咬,冬季注意保暖
	公共用餐场所	使用婴幼儿专业餐椅,避免婴幼儿随意走动
		使用卫生安全的婴幼儿餐具
		餐前洗手
		热汤类饭菜尽量放在远离婴幼儿一侧
		进餐时避免逗笑或呵斥婴幼儿
		避免进食不安全卫生的食物
旅游安全	合理安排行程	避免带6个月以下婴幼儿出游
		行程安排尽量轻松,避免劳累
		目的地安排由近及远
	合理安排衣食住行	多带几件换洗衣物
		注意饮食均衡
		向住宿的酒店或旅馆申请婴儿床或围栏

安全项目		注　意　事　项
	避免走失	保证婴幼儿时刻在视线范围内
		在人员密集处游玩时尽量给婴幼儿穿颜色鲜艳的衣服
		在婴幼儿衣物内放置联系方式或防走失报警器
		引导婴幼儿避免远离照养人
		引导婴幼儿走散后尽量待在原地或寻求工作人员帮助
		引导婴幼儿不要随意接受陌生人给的饮食
		帮助婴幼儿记住家庭住址及照养人的联系方式

本章主要参考文献

1. 吴康敏.我国儿童意外伤害现状及干预分析[J].中国儿童保健杂志,2013,21
　　(10):1009-1011.

2. [美]斯蒂文·谢尔弗.美国儿科学会育儿百科(第六版)[M].陈铭宇等,译.北
　　京:北京科学技术出版社,2016.

3. 王玉萍.0—3岁婴幼儿护理与喂养专家方案[M].北京:中国妇女出版社,2016.

4. 妇幼健康研究会.读懂你的宝宝:送给0—1岁婴儿妈妈的礼物[M].北京:人民
　　卫生出版社,2014.

5. 妇幼健康研究会.读懂你的宝宝:送给1—3岁幼儿妈妈的礼物[M].北京:人民
　　卫生出版社,2014.

6. 国家卫生健康委员会.托育机构婴幼儿伤害预防指南(试行)[Z].2021-01-
　　20.

第四章

虐待与忽视的干预及预防

```
                                            ┌ 虐待与忽视的定义
            ┌ 虐待与忽视的定义及分类 ┤ 虐待与忽视的分类
            │                              └ 虐待与忽视的区分
虐待与忽视的 │                              ┌ 影响因素
干预及预防   ├ 虐待与忽视的影响因素和表现 ┤
            │                              └ 表现
            │                              ┌ 干预措施
            └ 虐待与忽视的干预和预防措施 ┤
                                            └ 预防措施
```

学习目标

1. 了解虐待与忽视的定义与分类；

2. 掌握虐待与忽视的预防措施。

虐待与忽视是一个广泛存在于人类社会的问题,涉及公共卫生、法律和社会等多个方面,已成为造成儿童伤害的重要因素,引起了国际社会学、精神卫生、儿童保健等各领域专家的重视。2013年联合国发布的《2013年暴力侵害儿童全球调查报告》指出,全世界每年约有4 000万15岁以下儿童遭到虐待与忽视。虐待与忽视不但直接影响儿童近期的生理、心理和行为发育,而且还会对其长期身心健康产生严重影响,甚至带来不良的社会后果。

虽然本教材主要针对0—3岁婴幼儿展开介绍,但由于虐待与忽视可能长期存在于婴幼儿及儿童的生活中,对儿童的身心健康存在长期的不良影响,且对于婴幼儿与其他年龄的儿童并无本质区别,因此本章统称为儿童的虐待与忽视。

第一节　虐待与忽视的定义及分类

案例 4－1－1

2岁的小婷被母亲用衣架毒打,并从阁楼上摔下来。她遍体鳞伤、头部肿胀、昏迷不醒。小婷的父母说:"打她是因为她不听话,以前也经常打。"

2岁的小刚上午9点被遗忘在某幼儿园的校车上,下午3时30分被发现时已昏迷,送往医院后抢救无效死亡。

两个案例中的情形属于虐待还是忽视,分别应该怎样处理呢?

一、虐待与忽视的定义

世界卫生组织(WHO)提出,儿童虐待指成人在有能力的情况下未承担相应的法律责任和社会义务,蓄意或非蓄意对儿童施加的各种身心虐待、忽视和剥削行为,包括躯体虐待、情感虐待、性虐待、忽视、或其他形式的剥夺,从而对儿童健康、生存、生长发育及尊严造成实际或潜在危害的一类伤害的总称。

虐待有广义和狭义之分。广义的虐待主要包括各种形式的躯体虐待、言语和情感虐待、性虐待和忽视;狭义的虐待不包括忽视。

儿童忽视是指父母或照顾者、监护人在具备完全能力的情况下,未满足儿童的基本需求,未能为儿童提供足够的保障,以致于危害儿童健康和发展的情形。

二、虐待与忽视的分类

虐待主要包括躯体虐待、言语虐待和情感虐待、性虐待及各种形式的忽视四类。虐待的不同表现常会同时存在,如躯体虐待与情感虐待会同时出现在某一虐待行为中。

(一) 躯体虐待

儿童躯体虐待是指成人(包括父母、祖父母等监护人,教师等)故意对儿童施加暴力,导致儿童躯体伤害甚至死亡的行为。

躯体虐待是最容易被观察到的一种虐待形式,照养人常常以管教的名义对儿童进行躯体虐待,主要包括用手或器械殴打、脚踢或踹、用力摇晃、用针或其他尖锐物体扎刺、用烟头烫、捆绑、禁止进食等行为。

很多家庭忽视了体罚其实也是儿童虐待的一种形式,不论程度的轻重,任何形式的体罚都属于虐待。一些体罚会使儿童受伤或致残,一些体罚虽然未使儿童受外伤,但也是一种躯体虐待。

(二) 言语虐待和情感虐待

情感虐待和言语虐待的界限不是很明确,因为很多情感虐待是与言语虐待相伴出现的。一般来说,任何形式的虐待都会包含一定的情感虐待。

1. 言语虐待

儿童言语虐待是我国儿童所受虐待中较常见的形式,是指采用侮辱、贬低、歧视、讥讽的言语对待儿童,使儿童的尊严受到伤害。一些生存压力较大的照养人会有意无意地通过言语向儿童施加压力或释放不良情绪,形成言语虐待。

2. 情感虐待

儿童情感虐待是指可能导致儿童心理行为异常的,长期、持续、反复和不适当的情感反应,主要包括限制儿童的活动、冷漠或疏远、责骂或嘲讽、威胁或恐吓、歧视或排斥儿童,以及其他类型的非躯体的敌视行为。

"冷暴力"也是一种情感虐待,主要包括漠视儿童的存在,不够关心儿童;对儿童期望值过高,儿童一旦达不到要求就过度批评,甚至全盘否定;对儿童进行生活上的威胁或恐吓,经常使用威胁性语言等行为。

(三) 性虐待

儿童性虐待是指针对儿童的任何形式的性利用或性侵犯,无论儿童是否同意,这都是违反社会及家庭法规的强暴行为,其中包括身体接触行为和非身体接触行为。身体接触行为包括抚摸儿童性器官、猥亵和性交等;非身体接触行为包括向儿童暴露自己的性器官、语言挑逗或让儿童阅读色情刊物、强迫儿童拍摄色情视频或照片等。

(四) 忽视

儿童忽视主要包括身体忽视、情感忽视、医疗忽视、教育忽视、安全忽视和社会忽视六种形式。

1. 身体忽视

身体忽视是指父母或其他监护人不能为儿童的生长与发育提供必要的营养、保暖衣物、住所、环境、卫生等,也包括忽视对儿童正常生长发育的保护,使儿童暴露于被污染的环境之中(如照养人酗酒、吸烟成瘾、吸毒等)。

2. 情感忽视

情感忽视指父母或其他监护人没有提供给儿童健康成长所必须的言语和行为活动,最常见的是忽略对儿童心理、精神、感情的关心,缺少对儿童情感需求的满足。

在我国,留守儿童中的情感忽视问题最为突出,这些儿童的父母虽然能够满足孩子基本的物质生活需求,但与儿童之间缺乏情感沟通,导致留守儿童常常会感到孤独和不被认可。

3. 医疗忽视

医疗忽视是指父母或其他监护人故意忽略或拖延满足儿童对医疗和卫生保健的需求。

4. 教育忽视

教育忽视是指父母或其他监护人忽略儿童的教育需求,没有尽可能为儿童提供智力开发和知识、技能学习的机会。

5. 安全忽视

安全忽视是指父母或其他监护人无视或忽视儿童生活环境中存在的安全隐患,从而导致儿童受伤的概率增加。儿童在这一时期受到的伤害一般是监护人的安全意识薄弱、疏忽大意造成的。

6. 社会忽视

社会忽视是指社会生活环境中的不良现象可能对儿童健康造成危害,如假冒伪劣的儿童食物和玩具、贫困等。

三、虐待与忽视的区分

忽视与狭义的虐待之间并没有明显的界限,两者之间存在交叉重叠的内容。为了便于识别,我们将"忽视"与狭义的"虐待"从以下三方面进行区分:

（一）实施者不同

对儿童的需求负有责任和义务的人才有可能被认定为忽视者,而虐待者的身份限制则更宽泛,儿童可接触到的人都可能成为施虐者。

（二）行为性质不同

忽视往往是因为疏忽大意导致的,而非主观上的意愿,而虐待一般是故意或恶意的伤害。

（三）行为后果不同

照养人对儿童需求的忽视可以在一定程度上由其他人来弥补,而虐待一般是主动造成的,往往会使儿童受到较直接、明显的伤害。

第二节　虐待与忽视的影响因素和表现

儿童虐待和忽视的发生受家庭环境因素、儿童自身健康状况等方面的影响,具体如父母婚姻状况、家庭结构、儿童是否有先天性疾病和是否为留守儿童等。

一、影响因素

（一）社会因素

不同人种、国籍、文化背景、经济状况以及社会的稳定程度会产生不同的教育观和医疗态度。比如,我国部分地区长期存在"棍棒底下出孝子"的教育理念,部分照养人和老师认为体罚儿童很正常;有些偏僻的农村地区仍然有"重男轻女"的思想,不重视女童的教育。在有些国家,居民因宗教文化认为得病不需要治疗而拒绝送儿童就医,导致儿童死亡或伤残。

除父母、家庭成员外,邻居、保育员、家政人员、老师、医务人员等可能与儿童接触的其他社会人员也有可能对儿童造成虐待。

（二）家庭因素

在家庭经济困窘、社会经济地位低下、居住环境不固定、单亲或夫妻关系不和睦以及有酗酒、吸毒、人格障碍者的家庭中，儿童虐待和忽视的发生率较高。有些父母比较容易冲动或难以应对生活，当他们遭受挫折时可能会将不良情绪发泄到体格较小、能力较弱的儿童身上。一些施虐者甚至在童年时期就有过被虐待的经历。

（三）儿童自身因素

儿童自身的生理和智力情况是受歧视、被抛弃、甚至被虐待致死的因素之一。部分智力落后或患有先天性疾病的儿童被父母视为负担，更易遭受虐待。一些儿童容易情绪激动、哭闹无常、难于安抚，较易招致照养人的厌烦、排斥和打骂。

二、表现

（一）躯体虐待

躯体虐待引起的损伤主要表现为多发性、反复性、新旧伤口杂存的躯体损伤，可以根据病史、躯体表现及影像学、检验学的结果进行判断。轻则皮肤多处淤青、局部软组织肿胀，重则出现烧烫伤、割伤、内脏出血（颅内、胸腔、腹腔）、多处骨折，产生严重的后遗症，甚至出现终生残疾或死亡等恶性后果。

（二）言语虐待和情感虐待

相比于容易观察到的躯体虐待，无形的言语虐待和情感虐待更普遍、更隐蔽，这两类虐待不仅可能来自父母、家庭其他成员，也可能来自邻居、家政人员等与儿童接触的其他社会人员，其中由儿童父母所致的言语和情感虐待更为严重。儿童的心理发育不完善，对应激事件的承受力较弱，言语和情感虐待更容易对儿童造成广泛的、长期的且较为严重的负面影响。

随着年龄增长，经常遭受言语虐待和情感虐待的儿童的社会适应力会受到影响，具体表现为：

难以与监护人建立基本的信任关系，常表现出惧怕；

与他人接触时急于取悦他人，遇事缺乏自信心，畏缩焦虑，社会交际能力弱；

可能产生攻击他人的倾向或出现说谎、偷窃的习惯；

可能出现严重的情感障碍；

个别儿童还会出现长期躯体疼痛或胃肠道功能紊乱等躯体表现；

可能会在学龄期出现学习成绩显著退步或辍学等状况。

（三）性虐待

儿童性虐待的施虐者以熟人居多，甚至可能来自家庭内部，可能是成人，也可能是年龄较大的未成年人。受虐者多为女童，但男童的比例也在不断上升。

遭受性虐待后，儿童通常会因为羞耻、迷惑和对施虐者报复的恐惧，即使与父母或其他照养人关系亲密，也不会告诉任何人。因此，比起其他形式的虐待，性虐待不仅危害较大，而且很难被发现。

儿童可能不会用语言表达他们受到过性虐待，但他们会通过行为的明显改变来表达他们所遭受的痛苦，可能会有以下迹象：

不能解释的伤痕（擦伤、烧伤、骨折及其他腹部或头部的伤痕）；

外阴疼痛或者出血；

性传播疾病；

行为变化如突然焦虑发作、抑郁、社交退缩、自尊心降低或睡眠障碍；

以前行为良好的儿童突然开始逃学、学习成绩下降、体重骤减或骤增；

突然害怕或是厌恶特定的成人；

腹痛，尿床（特别是当儿童已经完成了如厕训练）；

医学无法解释的头痛或胃痛。

（四）儿童忽视

人具有社交和尊重的需求，即使是儿童，他们也需要社交，需要感受到自己是被尊重的，而不是被忽视的。但是，长期被忽视的儿童仍然存在。被忽视的儿童常有以下表现：

饥饿、体重过轻或营养不良；

外表脏乱不整洁、有异味，穿着不合时令或不协调；

眼神呆滞、精神萎靡、疲惫不堪、无精打采；

患有疾病或者伤口缺乏适当的处理；

因缺乏适当刺激而造成的身心发展迟缓；

长时间没有人照顾或被遗弃；

被禁锢在家中或其他地方；

如果学龄期被忽视，儿童可能会出现学习退步、偷窃行为、与家庭成员关系不睦等现象。

第三节　虐待与忽视的干预和预防措施

前文讲解了很多儿童虐待和儿童忽视的种类,如果虐待和忽视已成事实,那么,如何才能把虐待和忽视使儿童受到的伤害降到最小呢? 本节将重点讲到一些儿童虐待和忽视的干预和预防措施。那么,如何才能尽量避免儿童受到虐待与忽视呢?

一、干预措施

不同形式的虐待与忽视通常不是单独出现,而是相伴出现的,对儿童的危害是长期的,甚至会影响一生,因此需要采用综合干预措施,尽量将虐待和忽视对儿童的危害降到最低。对于受到虐待和忽视的儿童,除了要积极治疗躯体创伤,还要重视心理治疗,尽量减少长期不良影响。对于虐待者也应给予长期的法律惩处、心理干预,尽量避免其再次虐待和忽视儿童。对于受虐儿童的家庭成员也应进行相应的干预,尽量减轻虐待和忽视事件对家庭的影响,为儿童创造良好的家庭成长环境。

(一) 不同形式虐待与忽视的干预

在采取综合干预措施的同时,需要注意针对不同形式的虐待与忽视,其干预侧重点是不同的。

1. 躯体虐待的干预

(1) 针对儿童的干预

受到躯体虐待、有明显外伤的儿童需要及时到医院进行检查处理。

(2) 针对施虐者的干预

对于施虐者要及时教育,若触犯法律,要及时报警依法处置。

2. 言语虐待和情感虐待的干预

(1) 针对儿童的干预

游戏是与儿童沟通的最好方法,可以通过游戏与受害儿童接触、交流,用不同的方式帮助儿童提高自尊心、自信心、社会交往能力等。

(2) 针对施虐者的干预

言语虐待和情感虐待的施虐者通常是儿童的父母或其他照养人,需要采用不同的方式与照养人交流,减轻他们的心理压力,帮助他们积极面对家庭生活,了解儿童的成长规律,包容儿童不同的行为表现。

3. 性虐待的干预

对遭受性虐待儿童的干预是一个复杂的问题，不仅涉及到受伤害的儿童本身，也涉及其他家庭成员。若发现儿童被性侵，照养人应及时进行干预，拒绝承认虐待问题只会让情况变得更糟糕，让虐待给儿童带来更大的影响，从而耽误孩子的生理和心理得到最佳治疗。

当儿童身上出现明显伤痕或明确说出遭受性侵害时，应立即带受虐儿童去医院验伤就诊，并协助进行采证、笔录等工作；

立即向当地的儿童保护机构和司法机关寻求帮助；

建议寻求心理专家的帮助，以便给予受虐儿童支持和安慰，克服心理创伤。如果是某位家庭成员虐待儿童，心理专家也可能对使施虐者停止其施虐行为起到一定帮助作用。

4. 忽视的干预

一些照养人并没有意识到自己的忽视行为，也意识不到这些行为对儿童造成的伤害，需要引导照养人做出以下调整：

建立良好的亲子关系，增加与儿童的交流，加强对儿童的正确教养；

为儿童提供足够的食物、良好的生活环境、保证儿童充足的睡眠和休息时间。

（二）不同程度虐待与忽视的干预

任何虐待与忽视都会对儿童的心理健康产生不同程度的损害，需要根据损害程度的不同，对儿童采取相应的心理干预措施。

1. 情感关爱

无论遭遇哪种虐待和忽视，照养人均应在儿童的生活上倍加照顾，情感上给予更多关爱，帮助受害儿童脱离原来所处的不良生活环境。

2. 心理行为干预

对于出现心理行为障碍的儿童，比如很长一段时间内都不愿和家人交流或突然对学习失去兴趣等，应及时带他们到心理门诊就诊，医生会根据具体情况进行心理辅导和行为干预。

3. 药物治疗

对于出现严重心理行为障碍的儿童，应及时带他们到儿童心理门诊就诊，根据儿童年龄、病情遵医嘱使用精神类药物，如抗抑郁、抗焦虑等精神类药物等。

二、预防措施

少年儿童是祖国的花朵，是祖国的未来，他们的成长与家庭乃至国家的命脉息息相关。

如何防范前述的虐待与忽视,使儿童免受伤害?这个问题需要家庭层面和政府层面携手共同解决。

(一)家庭层面

1. 加强成人教育和家庭教育

照养人要注意自己的言行,严格禁止在家庭中使用暴力,其中包括禁止所有对身体的攻击行为,如拳打、脚踢、扇耳光、使用工具进行攻击等;以及所有使用冷暴力和言语暴力进行言语威胁恐吓、刻意忽视、侮辱儿童人格等行为。

照养人要主动学习养育知识及技巧,了解儿童的身心发展规律,理性解读儿童的哭闹与"不配合"。儿童的情绪崩溃、哭闹背后都有原因,照养者应耐心引导和安抚,并在事后加强对儿童的情绪管理教育。引导儿童在遇到问题时用言语积极沟通而非哭闹,并教会他们在情绪难以控制时的正确处理方法,以及如何正确地宣泄情绪。情绪管理教育可能需要进行相当长的时间,还需多次反复演练,这需要照养者对儿童有耐心和爱心。

多提供高质量的亲子陪伴,建立良好的亲子关系,帮助儿童逐步建立安全感,为儿童提供充足的营养、游戏和接受教育的机会。

如果照养人始终难以控制自己的暴力行为,难以与儿童建立健康的亲子关系,必要时可寻求心理科或精神科专业人员和机构的帮助。

警惕有虐待倾向的照养人或社会人员对儿童的伤害,时刻关注儿童可疑的身心变化,尽量让可靠的照养人陪伴儿童,不强迫儿童与他不喜欢的人在一起。

2. 提高儿童自我保护能力

培养儿童的自我保护意识,告诉儿童如果有任何身体或心理不适,一定要及时向父母或监护人报告。

对儿童进行必要的性教育,如教育儿童背心和内裤遮盖的地方不能让其他人触碰,对于其他人(包括家庭成员在内)的身体接触,应保持警惕,必要时果断拒绝以躲避可能发生的性侵犯。

教育儿童熟记报警电话,若儿童受虐后应尽快帮助他们脱离危险环境并及时进行干预救助。

(二)政府层面

1. 立法

立法是保护儿童方面最重要的干预措施。我国已于 1991 年颁布实施《未成年人保护法》,动员全社会保护儿童的合法权益,尤其要关注残疾儿童。通过妇联、工会和街道居委会等组织,咨询、教育和监督虐待儿童的行为,必要时对施虐者报警处理并予以刑事追究和处罚。

新修订的《未成年人保护法》和 2020 年出台的《民法典》中均增加和完善了对未成年人的保护条款,明确了家庭监护职责、国家监护制度,更好地保护了未成年人的正当权益。各地应尽快落实未成年人保护制度,建立各级儿童保护中心、预防儿童虐待监测网和举报电话等,及时发现并迅速干预,使受害儿童尽快脱离危险环境。

2. 加强社会支持

近些年来我国的城市发展迅速,农村向城市的流动人口规模逐渐增大,农村留守儿童以及城市流动儿童群体的忽视问题日益凸显。留守儿童平时多由年老体弱的祖辈抚养,难以得到足够的关心、理解,很容易产生孤独感和被遗弃感。而跟随父母来到城市的流动儿童则往往因为父母忙于生计而被忽视,同时由于自身条件、家庭社会经济地位以及户籍制度限制等在流入地受到歧视与排斥。因此,对此类儿童和家庭,社会和机构应给予更多的关爱、帮助和支持。

对于高危人群,如单亲家庭、母亲年龄较小、家庭成员有暴力倾向等,社区应给予更多的关怀、照顾和教育,减少危险因素的存在。

相关机构、社会组织和社区可提供养育指导和咨询服务,提高父母对儿童教育的关注度,提高家庭抚养子女的能力。

3. 开展儿童虐待和忽视的科学研究

目前,我国尚无儿童虐待发生情况的全国性、基于人群的流行病学调查数据,尚无全国性的对儿童虐待案例的报告监测数字。有关儿童虐待的研究在定义、调查工具、危险因素、研究中的医学伦理学事项等方面还存在许多有待解决的问题。应广泛开展不同地区、人群的相关调查,搜集有关资料,并进一步细化高危人群和相关危险因素,为制定防止虐待儿童的具体措施与规划提供依据和预防方案。还需加强国际间的合作和联系,以推进我国保护儿童免受虐待和忽视工作的持续深化。

本章主要参考文献

1. [美]斯蒂文·谢尔弗.美国儿科学会育儿百科(第六版)[M].陈铭宇等,译.北京:北京科学技术出版社,2016.

2. 李静进.儿童虐待问题不可忽视[J].中华儿科杂志,2004,1(1):4-6.

3. 夏雪,祝慧萍,高琦.儿童虐待的不良影响及其研究展望[J].中国妇幼保健,

2016,31(16)：3421－3423.

4. 徐韬,焦富勇,潘建平等.中国儿童虐待流行病学研究的文献系统评价研究[J].
中国儿童保健杂志,2014,22(9)：972－975.

5. 杨玉凤.儿童的虐待与忽视及其干预对策[J].中国儿童保健杂志,2006,8(4)：
328－330.

第五章

伤害的紧急处理及预防

跌落伤的紧急处理及预防
- 定义及分类
- 致伤因素
- 伤情表现及判断
- 伤情处理
- 预防措施

擦伤、扎伤的紧急处理及预防
- 擦伤
- 扎伤

烧烫伤的紧急处理及预防
- 定义及分类
- 致伤因素
- 伤情表现及判断
- 伤情处理
- 预防措施

伤害的紧急处理及预防

动物伤害的紧急处理及预防
- 猫抓伤
- 狗咬伤
- 蜂蜇伤

呛噎导致窒息的紧急处理及预防
- 定义及分类
- 致伤因素
- 伤情表现及判断
- 伤情处理
- 预防措施

婴幼儿常见中毒的紧急处理及预防
- 定义及分类
- 中毒因素
- 伤情表现及判断
- 伤情处理
- 预防措施

学习目标

1. 熟悉不同伤害的定义及分类；

2. 熟悉不同伤害的致伤因素、表现及判断方式；

3. 掌握不同伤害的紧急处理及预防措施。

在国际疾病分类标准中,儿童伤害主要包括跌落伤、锐器伤、砸伤、烧烫伤、碰击伤、挤压伤、咬伤、爆炸伤、中毒、触电、溺水、异物伤以及环境因素引起的伤害等 14 种伤害。伤害死亡已经成为了儿童死亡的首位原因,也是儿童致残的主要原因。伤害还会造成儿童身心发育障碍,给家庭和社会带来沉重的经济负担。本章将主要对跌落伤、擦伤、扎伤、烧烫伤、动物咬伤、呛噎、中毒等危险性和发生率较高的伤害进行阐述。

第一节　跌落伤的紧急处理及预防

案例 5-1-1

　　皮皮又哭着要喝奶了,姥姥赶紧拿起奶瓶去冲泡奶粉,却忘了顺手把婴儿床的床挡抬起来。姥姥还没有冲完奶粉就听到"扑通"一声,接着就是皮皮撕心裂肺的哭声。姥姥仔仔细细地检查了好几遍皮皮的身体,就怕摔坏了外孙。担心皮皮出事,姥姥赶紧叫了喊来了正在上班的孩子妈妈送皮皮去医院。一路上各种担心:皮皮会不会摔坏了脑子啊? 其他地方有没有事? 同时,姥姥也少不了各种自责。

　　皮皮从床上跌落,除了要考虑颅脑是否有损伤,还要考虑哪些部位的损伤?

　　在儿童意外伤害中,跌落伤是严重危害儿童健康的伤害之一。世界各国的研究结果显示,跌落伤位居儿童意外伤害的前三位。同时,儿童创伤死亡中 70% 的原因来自跌落造成的头部严重损伤。因此,了解和掌握跌落伤的紧急处理及预防方法对于保障儿童健康十分重要。

一、定义及分类

　　跌落伤包含高处坠落和跌倒等引起的身体损伤,是指人体由高处跌落或坠落于地面或物体上发生的身体损伤。

　　跌落伤损伤的表现和轻重程度与体重、坠落高度、坠落速度、身体被撞击的部位、衣着、所撞物体的性质等因素有关,损伤较轻者仅有轻微的疼痛感,重者则可能骨折、内脏破裂、肢体断裂等,有的甚至会当场死亡。

二、致伤因素

（一）环境因素

婴幼儿生活的室内和室外环境中都可能存在导致跌落伤的危险因素。

1. 室内环境

（1）0—1岁婴儿

对于1岁以下独立行走能力较弱的婴儿来说，婴儿床、沙发等设施安全性不足都有可能导致跌落伤。例如，床铺没有床挡、设施棱角比较尖锐等。

（2）1—3岁幼儿

1岁以上的幼儿行走能力快速发展，年龄更大的幼儿还会参加一些体育活动，随着幼儿在室内的活动时间不断增加，室内地面环境的安全就开始显得尤为重要。

室内地面平整度、湿滑度是影响婴幼儿跌倒发生的重要因素。地面防滑材料选择不当，泥水、菜汁、果皮等污物处理不及时，也会增加婴幼儿跌倒的发生率。

此外，地面材料的软硬程度、地面陈列物的软垫包裹状态等也会影响婴幼儿跌倒后伤情的严重程度。在婴幼儿运动区域的地面和墙面上一定要布置较厚的弹性软垫，周围的护栏支撑性要强且有一定厚度的软性包裹，护栏间隙宽度要适当，要能够防止儿童肢体卡顿在护栏之间，这样才能有效减轻儿童跌倒后的伤害。

2. 室外环境

公园、游乐园、小区里的儿童活动场地内的滑梯、秋千，商场扶梯等都是婴幼儿高空坠落的高发地。运动场所中为成人设置的健身设施，如果婴幼儿随意在上面玩耍，极易引起跌落，造成肢体被挤压等损伤。室外环境的安全性还会受到天气的影响。例如，雨雪天气会导致路面湿滑，增加婴幼儿滑倒的发生率。

（二）婴幼儿因素

婴幼儿脑部尚未发育完全，平衡协调能力差，而且喜欢冒险，但自身保护意识较差。因此，即便在成年人认为安全的地方，婴幼儿也很容易发生跌落伤。

（三）照养人因素

照养人防范意识缺失、疏于准备防护措施、有危险的照养行为，是婴幼儿跌落伤发生的重要因素之一。例如，一些照养人无视自行车骑行提示，骑行时将婴幼儿放在共享单车的车筐内，这样会增加婴幼儿跌落的风险；一些照养人在乘坐扶梯时会单手将婴幼儿抱在怀里，活泼好动的婴幼儿很容易从照养人怀里挣脱从而发生跌落;婴幼儿在进行一些体育活动时,如果照养人没有为婴幼儿佩戴合适的护腕、头盔、护膝、护踝等专业护具,加之环境中的危险因素,婴幼儿跌落后的伤害会更严重。

三、伤情表现及判断

在跌落伤发生的第一时间,及时对婴幼儿受伤情况进行判断十分重要。根据初步的伤情判断进行及时准确的伤情处理,有利于减少跌落对婴幼儿伤情的最终影响。

对于跌落伤,要遵循"视、触、动"的顺序仔细检查婴幼儿的整体及局部情况:"视"就是要仔细观察;"触"就是通过接触按压等方式做进一步检查,验证通过观察局部受伤部位得到的判断是否准确,并筛查观察中未受伤的部位是否有隐藏的局部损伤;"动"就是通过活动四肢来确定四肢是否有骨骼、肌肉、神经等局部损伤。

(一)婴幼儿整体情况

婴幼儿发生跌落伤时,应第一时间了解婴幼儿的整体情况,确认是否有生命危险。需要仔细观察婴幼儿,如果出现以下情况则说明婴幼儿有生命危险,需要及时就医:

1. 失去意识;
2. 持续性或反复性头痛、头晕,且逐渐加重;
3. 面色苍白;
4. 看不清东西;
5. 耳朵鼻子出血或有液体流出,擦除后还是持续有液体或血液流出;
6. 恶心呕吐;
7. 抽搐;
8. 上肢或下肢无力;
9. 行走困难或左右摇摆等;
10. 口齿不清;
11. 精神异常,如容易激动或嗜睡、烦躁、精神不振、不认识家人等其他异常行为。

(二)局部受伤情况

判断完婴幼儿的整体情况后,需要通过"视、触、动"的方法来判断局部受伤情况。

"视"是通过观察皮肤是否有擦伤、淤青;身体局部是否有水肿;骨骼是否有变形;伤口的大小、深度等来判断婴幼儿局部受伤情况;

"触"是通过接触按压等方式来做进一步检查,例如,按压四肢、锁骨和肩胛骨等容易骨

折的部位判断是否有疼痛感,按压腹部检查是否有内脏损伤;

"动"是通过活动四肢来确定四肢是否有骨骼、肌肉、神经等局部损伤,如果在活动四肢时某一部位有剧痛或婴幼儿拒绝活动某一部位,则说明可能出现了骨折。

跌落时身体往往会有一个或者几个受力的部位,这些受力部位的受伤表现会比较明显,主要有软组织挫伤、皮肤擦伤、皮下组织淤青出血、骨骼断裂、颅脑损伤、内脏损伤等。例如,坠落时头颅先着地,在头颅的某个部位轻则会出现淤青,重则会出现头皮下的巨大血肿,严重的还会出现局部颅骨骨折引起的凹陷。有时,跌落的冲击力会通过撞击接触点向身体其他部位传播,引起相邻位置的损伤。例如,坠落时肩部着地,肩部受到的冲击力会向身体内部传导,引起支撑身体的锁骨、肱骨等骨骼骨折。

在从高处跌落引起的跌落伤中,颅脑损伤的发生率较高,轻者会有轻微的脑震荡、头疼表现,重者会引起颅内出血、颅脑组织损伤。颅内组织损伤后,由于脑组织水肿、脑脊液的循环障碍、颅内出血等原因,会导致颅内内容物增加,从而使颅内压力增高,压迫重要的脑结构,产生一系列的症状。头痛、恶心、呕吐是颅内高压的三个主要表现,除此之外,还会出现一侧瞳孔立即散大,光反应消失,呼吸、脉搏浅弱,心率不齐,血压下降等症状。

严重的高处坠落伤,常常会引起多系统的复合伤。比如坠落后颅脑损伤合并脏器损伤,不仅会出现颅脑损伤的症状,还会出现肝脾破裂等引起的持续性出血,以及出现休克的早期症状。除颅脑损伤外,腹腔内肝脾等实质脏器损伤会引起大量的腹腔内出血,主要表现为面色苍白、脉搏加快、血压降低、呼吸加速等。

四、伤情处理

根据伤情判断结果可以对伤情的轻重程度有大体了解,以便根据不同的伤情进行不同的处理:对于较轻的软组织挫伤,可进行简单的处理;若出现骨骼变形以及重要的脏器损伤等,则需要及时就医;若出现休克等严重情况,需要拨打120急救电话的同时进行相应的抢救等。

(一) 软组织挫伤

软组织挫伤作为跌落伤中最为轻微的损伤,发生率也最高。人体中除骨骼外的所有组织都可以称为软组织,如皮肤、肌肉、肌腱、神经等。外力对软组织造成的钝性的损伤称为软组织挫伤。

1. 紧急处理

(1) 用物准备

毛巾、冷水、热水、止痛药。

（2）操作步骤

① 较轻的软组织挫伤

轻微的软组织挫伤是不影响活动的损伤，可以通过 24 小时内冷敷，24 小时后热敷来缓解。

② 较重的软组织挫伤

较重的软组织挫伤可能会造成关节韧带的损伤，需要先冷敷，之后要固定受伤部位。做完前期的准备工作应尽快就医。

（3）注意事项

对于疼痛较重或者难以忍受疼痛的婴幼儿，可遵医嘱使用扶他林等止痛药物。

对于较重的软组织挫伤，一定要固定肢体，以肢体不能活动为准，这样可以减少婴幼儿的局部疼痛，更重要的是，可以防止在不明情况下活动肢体导致的重要结构的进一步损伤。

2. 及时转送医院

如果婴幼儿有较重的软组织挫伤，在进行简单处理后，要尽快带婴幼儿到医院就诊，进行规范化治疗。

（二）骨骼损伤

骨骼损伤作为坠落伤中较为严重的损伤，在发生的第一时间进行正确的处理非常重要。

1. 紧急处理

（1）用物准备

绷带、支撑板。

（2）操作步骤

① 肢体骨折

当婴幼儿出现肢体骨折时，首先应该对骨折的肢体进行固定，以肢体不可活动为准，可以选择木板、硬纸板、塑料板等作为支撑物，以绷带、围巾等将受伤肢体固定在支撑物或者健康肢体上（如图 5-1-1—图 5-1-5）。

图 5-1-1　手臂骨折固定

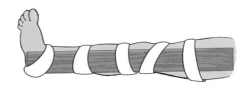

图 5-1-2　腿部骨折夹板固定

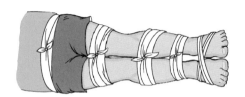

图 5-1-3　腿部骨折肢体固定

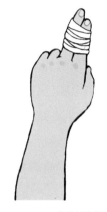

图 5-1-4　手指骨折固定

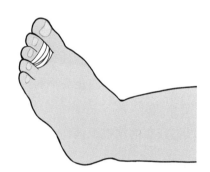

图 5-1-5　脚趾骨折固定

② 脊柱骨折

面对可能发生脊柱骨折的婴幼儿,在现场环境比较危险的情况下,需要立刻将婴幼儿搬运到相对安全的地方,一定要注意的是在搬移的过程中要保持脊柱在各个维度上没有扭转牵拉,最好是两到三人同时将手和胳膊伸到婴幼儿的身体下,在同一高度将婴幼儿托举到平整坚硬的平板上(如图 5-1-6)。

图 5-1-6　两人徒手搬运

（3）注意事项

在固定骨折的肢体时切勿捆绑太紧（即婴幼儿产生疼痛感），捆绑过紧会引起骨骼周围神经血管的损伤，同时，由于骨折部位会出现逐渐加重的肿胀，过紧的捆绑还会引起肢体的皮肤损伤，肌肉的缺血坏死等。

面对可能脊柱骨折的婴幼儿时，严禁以一人环抱或者一人搬上身一人搬下身的方式搬运。这种不正确的搬移方式会引起脊髓的牵拉和旋转，加重脊髓的损伤。

2. 及时转送医院

对于可能有脊柱损伤的婴幼儿应该立即拨打急救电话，在救护车到达时，协助急救人员转运婴幼儿。

对于有肢体骨折的婴幼儿，在进行简单处理后也应及时转送到医院就诊。

（三）颅脑损伤

1. 紧急处理

（1）用物准备

镊子、纱布、棉签。

（2）操作步骤

① 对于怀疑有颅脑损伤的婴幼儿，在拨打急救电话后，要密切观察婴幼儿的以下情况，以便及时进行心肺复苏等急救措施：是否失去意识；是否有持续性头痛、头晕，尤其是逐渐加重者；是否有严重的恶心呕吐；是否言语含糊或者口齿不清；是否持续性或反复性头晕；是否精神异常，如容易激动或者有其他异常行为，如嗜睡、烦躁、精神不振等；是否行走困难或行走障碍、左右摇摆等；是否看不清东西或者看东西模糊；是否面色苍白；是否发生抽搐；是否上肢或下肢无力等。

② 让婴幼儿平躺下来，创造一个安静舒适的环境，保持新鲜空气流通。

③ 用镊子、纱布、棉签等及时清理呕吐物，特别是口鼻内的呕吐物，防止婴幼儿因呕吐物进入呼吸系统引起窒息而威胁生命。

（3）注意事项

尽量避免移动婴幼儿，以免造成二次伤害。

2. 及时转送医院

对于怀疑有颅脑损伤的婴幼儿，应及时拨打急救电话，在救护车到达时，协助急救人员转运婴幼儿。

（四）脏器损伤

1. 紧急处理

（1）用物准备

无

（2）操作步骤

观察心率、脉搏、血压、呼吸、疼痛等情况的改变，如果出现呼吸、心跳骤停，应立即进行心肺复苏，直到急救人员到来。

（3）注意事项

尽量避免移动婴幼儿，以免造成二次伤害。

2. 及时转送医院

对于怀疑有脏器损伤的婴幼儿，应及时拨打急救电话，在救护车到达时，协助急救人员转运婴幼儿。

五、预防措施

1. 当婴儿坐在婴儿椅中时，不要将婴儿椅放在桌子、凳子上或其他高于地面的地方，婴儿椅放置位置不稳或婴儿的身体运动都会导致坠落的发生。

2. 无人看护时，不要将婴幼儿单独留在高处。

3. 尿布台要有 5 厘米以上的围栏，且不要放在靠近窗户的位置，以免婴幼儿在换尿布时跌落。

4. 在使用儿童推车时，务必扣牢安全带，防止婴幼儿在推行过程中跌落。

5. 不要让婴幼儿随意攀爬靠背椅，他们很容易从上面摔倒，导致头部、胳膊和腿部受伤。

6. 楼梯顶部、房间等都要安装防护门，以免婴幼儿在随意攀爬家具、楼梯时坠落。

安全宝典

牵拉肘，俗称"胳膊肘脱臼""胳膊肘掉环"等，在医学上称为桡骨小头半脱位，多发生在 5 岁以下的幼儿。

处于幼儿期的宝宝，桡骨头发育尚未健全，桡骨小头和桡骨颈的直径基本相同，而且环绕在桡骨小头周围有一个称为环状韧带的结构相对来说比较松弛，对桡骨小头不能起到确实的稳定作用。

当宝宝的肘关节处于伸展并且向内侧旋转的位置上时,手腕或者前臂突然受到来自纵向的牵拉,桡骨头就会从环状韧带向下脱位,而环状韧带就会滑过桡骨小头远端并嵌顿于关节间隙,从而阻止了桡骨小头恢复到原来的位置,最终造成桡骨小头半脱位。除了常见的脱衣服外,父母牵拉、孩子自己翻身等情况都会引起。一旦出现这种情况,应带孩子尽快就医,手法复位后即可恢复正常。

第二节　擦伤、扎伤的紧急处理及预防

案例 5－2－1

周末天气晴朗,活泼好动的毛毛和奶奶一起去公园玩耍。毛毛高兴地在公园里跑跑跳跳,忽然一不小心摔倒了,胳膊在公园的护栏上划了一下。奶奶赶紧过来查看,毛毛的伤口很大,胳膊上有一大块皮肤擦破了,周围有些许血丝冒出来,中间有一条比较深的伤口,正在呼呼出血。这可怎么办? 不能让血就这么流下去啊! 焦急的奶奶赶紧拿出纸巾包住了伤口,为了防止伤口继续出血,又用手帕把伤口捆了起来。看着毛毛的伤口不再出血了,奶奶赶紧打车带毛毛去了医院。

毛毛受了什么样的损伤? 应该如何处理? 是否需要去医院就诊? 如果到医院就诊,除了处理伤口,是否应该注射破伤风抗毒素来预防破伤风感染?

本节要讲的擦伤、扎伤都归属于外伤中的开放性损伤(以下简称开放伤)。开放伤是指有皮肤或黏膜破损的外伤。一般而言,由于皮肤的完整性遭到了破坏,开放伤容易发生伤口感染。另外,出血较多的开放伤如果不能及时止血,容易引起出血性休克,危及生命。

第一部分　擦伤

一、定义及分类

擦伤是钝性致伤物与皮肤摩擦而造成的以表皮剥脱为主要改变的损伤，又称表皮剥脱，是开放伤中最轻的一类创伤。

二、致伤因素

硬物（如石子等）划过皮肤表面、指甲抓擦、体表与粗糙物体或地面相摩擦、车辆撞击或坠落地面、钝器（如锤子等）打击、绳索或其他编织物（如衣物）的摩擦等都可能造成皮肤擦伤。

三、伤情表现及判断

在损伤发生的第一时间，对儿童受伤情况的判断最为重要。初步的判断决定接下来的处置。

擦伤是皮肤完整性遭到破坏的一种表现，通常根据皮肤的红肿程度、损伤部位出血量、损伤面积大小来判断损伤的轻重。

四、伤情处理

（一）紧急处理

1. 用物准备

无菌生理盐水、矿泉水、凉白开、消毒液（碘伏、碘酒等）、无菌棉签、无菌纱布、无菌棉球。

2. 操作步骤

（1）较轻的皮肤擦伤

对于比较轻的皮肤擦伤，用无菌生理盐水、矿泉水、凉白开等无菌液体进行冲洗，冲洗后使用碘伏或碘酒进行消毒。

（2）较重的皮肤擦伤

对于有持续出血或者渗出液体较多的擦伤伤口，在冲洗、消毒后用无菌纱布、无菌棉球、创可贴等覆盖住伤口，吸收伤口渗出的液体并隔绝伤口外部的污染物，注意不要用带颜料、粉末的物质接触伤口。

3. 注意事项

（1）消毒的范围务必要大于伤口的范围。

（2）至少进行三次以上的消毒。

（3）对于渗出液体不多和没有明显出血的伤口，可以让伤口直接暴露在空气中，但是要保持干燥，避免接触脏污、液体等，以免引起感染。

（二）到医疗机构处理

对于有持续出血、擦伤面积较大的伤口，简单处理后可以到医务室做进一步处理，一般无需转送医院。

五、预防措施

1. 带婴幼儿外出时，穿长袖上衣、长裤可以减少发生摔倒、剐蹭等造成擦伤的可能性。

2. 照养人应提高防范意识，及时提醒并制止婴幼儿在各种场所随意奔跑、打闹。

第二部分　扎伤

一、定义及分类

扎伤一般指尖锐的物体突破皮肤并进一步损伤深层组织引起的损伤。根据损伤深度，是否损伤神经、血管、肌腱、脏器等可以将扎伤分为简单表浅的扎伤、伴有严重出血的扎伤和伴有重要脏器损伤的扎伤。

二、致伤因素

（一）尖端锐利的物体

常见的金属锐器（如钉子、针、刀等）、木质锐器（如牙签、凉席的小刺等）、植物锐器（植物的刺、松树的叶子、仙人掌的细小毛刺等）等都会引起扎伤。

（二）高速撞击

一些平时看似很粗的物体（如树枝、铁管、铁棒、花园护栏等），在婴幼儿高速运动（如跑动、骑行等）撞击时也会引起严重的扎伤。

三、伤情表现及判断

简单表浅的扎伤,通过简单按压就可以止血。

伴有严重出血的扎伤,通过简单按压不能止血,需要通过止血带等手段才能止住出血。

伴有重要脏器损伤的扎伤,除了出血外,还有肢体活动问题、感觉问题,或有腹腔、胸腔内脏器(如肝脏、脾脏等)的损伤,容易危及生命。

四、伤情处理

扎伤是婴幼儿外伤中比较高发的损伤,由于致伤因素的复杂性及伤害严重程度的多样性,伤情的处理比较复杂。

(一)简单表浅的扎伤

1. 紧急处理

(1)用物准备

无菌生理盐水、消毒液(碘伏、碘酒等)、无菌棉签、无菌纱布、无菌棉球。

(2)操作步骤

简单表浅的扎伤,伤口小出血少,可以使用无菌生理盐水冲洗后,使用碘伏消毒处理。

(3)注意事项

在消毒后,用力在伤口周边挤压,可以使伤口内污物以及有毒物质从伤口排出。

许多扎伤,特别是针刺损伤,常伴有异物残留(如铅笔尖、松针等),如果发现有异物残留,应尽快至医院就诊。若不能及时取出异物,异物容易转移到其他位置,不仅增加取出的困难程度,而且会引起进一步的感染。

2. 及时转送医院

婴幼儿扎伤应进行简单处理后,及时到医院就诊。

对于比较脏的、有异物残留的扎伤,应及时到医院取出异物,对伤口进行彻底清理,并根据伤口情况注射破伤风抗毒素等,以防止感染破伤风杆菌。

(二)伴有严重出血的扎伤

1. 紧急处理

(1)用物准备

止血带、纱布。

（2）操作步骤

严重出血的扎伤一般都伴有重要血管的损伤，面对这种损伤，止血是第一位的。大量的出血会引起失血性休克，危及生命。通常，可以在出血点靠近心脏的位置局部按压及用止血带来止血，在没有止血带时可以使用条索、带状物（如腰带、围巾等）来代替止血带。

（3）注意事项

止血带要有一定的宽度，宽度要大约相当于捆绑肢体的直径，过窄的止血带会引起加压部位皮肤组织的损伤。

止血带连续使用时间不能超过 90 分钟，如果超过 90 分钟，需每隔 90 分钟放开一次，每次放开时间约为 15 分钟，以防肢体因缺血坏死。

除四肢外，其他出血部位可以使用纱布覆盖伤口后以绷带缠绑加压，也可以用手来按压止血。

2. 及时转送医院

在对伤口进行简单的处理后，应尽快转送到医院进行进一步的救治。

（三）伴有重要脏器损伤的扎伤

1. 紧急处理

（1）用物准备

无。

（2）操作步骤

一旦发现扎伤伴有重要脏器损伤，应第一时间拨打急救电话，并进行简单处理：大体确定扎伤造成损伤的脏器，如果是肝脏、脾脏等脏器，应让受伤婴幼儿安静地平躺，避免进一步损伤的发生。

（3）注意事项

比较粗大的致伤物（如树枝、铁杆等），不要轻易拔除，应妥善固定（如用毛巾、衣物等进行固定），随意拔除致伤物不仅会引起异物的残留，引起周围重要神经、血管、脏器等的损伤，更重要的是可能影响医生判断伤情而影响治疗。

2. 及时转送医院

尽快将婴幼儿连同致伤物一并转送到医院进行进一步的救治，由医生进行判断和处理。

五、预防措施

1. 由于婴幼儿自身的防护意识不够，照养人应避免婴幼儿接触锐利的致伤物。

2. 在进行一些需要护具的体育活动时，应让婴幼儿佩戴全套的防护器具。

3. 野外游玩时,应尽量让婴幼儿穿长衣长裤,避免植物的针刺扎伤、划伤。

4. 接触杂物时,尽量让婴幼儿佩戴手套。

5. 运动时要仔细观察设计路线,避开放置建筑垃圾、生活垃圾等杂物的混乱环境。

6. 培养婴幼儿的防范意识,提醒婴幼儿注意保护自己。

安全宝典

急救包的用物准备:

1. 消毒用品:酒精、碘伏、碘伏棉签、无菌棉签、无菌棉球等。

2. 包扎用品:绷带、无菌纱布、创可贴等。

3. 外用药:抗生素类外用药(如莫匹罗星软膏)、扶他林软膏、抗过敏的糠酸莫米松软膏等。

4. 工具类:体温计、血压计等。

第三节　烧烫伤的紧急处理及预防

案例 5-3-1

晚饭时间,一家人正围坐在一起。豆豆喝完了一小碗最喜欢的大米粥后,还觉得不满足,趁一旁给弟弟喂饭的妈妈不注意,伸手去端盛满热粥的大盆,想把粥倒到自己的碗里。但粥盆又重又烫,豆豆没拿稳,把一盆滚烫的热粥全都倒在了胸口上。一家人一下子紧张起来,爸爸赶紧用毛巾把豆豆胸口的粥擦掉。慌乱中,爷爷奶奶却为是否要赶紧脱掉豆豆身上的衣服争执起来,爷爷怕现在脱衣服豆豆会很痛,奶奶怕待会布料粘在烫伤的皮肤上后,衣服会更难脱掉,最后还是在妈妈的坚持下才脱掉了豆豆身上的衣服。一家人用水冲掉了豆豆胸前的热粥,发现婴幼儿胸前出现了大片红肿,有些地方还起了水泡,这时一家人才赶紧开车把豆豆送到医院。

到了医院,医生一看豆豆的情况,便问家长在家里有没有用凉水冲洗过烫伤的地方。一家人都摇摇头,医生便让家人赶紧带着豆豆到洗手间用凉水冲洗20分钟。爸爸妈妈照做了,心里却充满了疑问,婴幼儿烫伤以后到底该怎么办呢?

豆豆一家人的处理有哪些做对了,又有哪些地方做错了?

婴幼儿的生活环境逐渐复杂,引起烧烫伤的危险因素也逐渐增加。烧烫伤在导致中国1—10岁年龄组儿童伤害死亡原因中排名第五位。2014年监测数据显示,0—17岁儿童烧烫伤死亡率为2.5‰。由此推算中国每年约700名儿童死于烧烫伤,而由烧烫伤引起的残疾、功能障碍的儿童更多。国内烧烫伤相关调查表明,造成儿童烧烫伤的热源主要是高温液体,所占比例在65.9%—88.6%。

一、定义及分类

烧烫伤是指由于外部热损伤造成的身体皮肤或其他器官组织的伤害。除了开水、火焰等常见热源导致的损伤,辐射(如紫外线、强光等)、放射(如X射线)、电击(如家用电源、雷电等)、摩擦(如高速擦伤等)或接触化学物质(如强酸、强碱性物质等)等特殊热源引起的损伤也属于烧烫伤。

根据烧烫伤引起损伤的深度,一般分为一度、二度和三度。

二、致伤因素

儿童烧烫伤的致伤因素是多样的,下面我们分别从几个方面进行介绍。

(一)直接致伤热源

烧烫伤的直接致伤热源包括高温液体、高温物体和火焰。其中高温液体烫伤是中国儿童烧烫伤的首要危险因素,主要指烹饪用水、热汤或其他液体食物、热饮料和洗澡用水等。

(二)婴幼儿自身因素

烧烫伤多发生在1—4岁低龄儿童中,这与该年龄段婴幼儿行走步态不稳、好动、好奇心强、对危险识别能力差、没有防范能力等因素有关。

(三)场所风险因素

婴幼儿烧烫伤最主要的发生区域在家中的厨房和客厅,常见婴幼儿因玩耍时触碰到危险热源而受伤。

（四）日常照护因素

相比于照养人时刻陪伴在身边的婴幼儿，缺乏照顾或者监护的婴幼儿更容易发生烧烫伤。

三、伤情表现及判断

（一）烧烫伤深度的分级和识别

烧烫伤深度一般分为一度、二度和三度（如图5-3-1）。

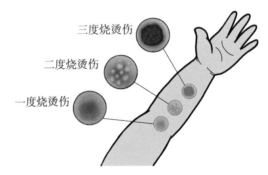

图5-3-1 不同程度烧伤对比图

一度烧烫伤只伤及皮肤表皮层，一般会出现局部皮肤发红，感到疼痛但没有水泡，一般愈合后不留疤痕。

二度烧烫伤会伤及皮肤真皮层，有剧烈的疼痛感，会出现水泡，愈合后会有轻度疤痕。

三度烧烫伤会伤及皮肤皮下组织，没有疼痛感，皮肤干燥没有水泡，愈合后会有疤痕。

四、伤情处理

在面对烧烫伤时，要根据严重程度尽量提前做好准备和初步处理工作。

1. 紧急处理

（1）用物准备

冷水、消毒用品（碘伏、碘酒等）、无菌棉签、无菌纱布、无菌棉球。

（2）操作步骤

① 远离危险区域

现场的抢救目标是尽快消除引起烧烫伤的原因,脱离现场和进行救治。所以,首先应该迅速脱离热源,脱离火场,脱去燃烧、热烫的衣物。

② 去除衣物

尽快除去烧烫伤部位的衣物,如果不在第一时间去除衣物,衣物就会和坏死的皮肤组织粘连,之后去除衣物可能会增加创伤。同时,衣物的存在会影响对具体烫伤部位的判断,消减冷水冲洗或冰敷降温的效果。同时在去除衣物时要避免暴力,以防造成皮肤更严重的损伤。

③ 创面处理

如果烧烫伤部位有破损,尽量剃净创面及其附近毛发,擦净周围健康皮肤,使用碘伏或碘酒消毒创面,然后用无菌纱布覆盖,以防伤口发生感染。

④ 冷水冲洗

如果烧烫伤部位没有破损或起水泡,应第一时间使用冷水连续冲洗烧烫伤部位 20—30分钟,烧烫伤后的冲洗可以带走体表和体内的热量,减轻热量的继发损伤。冲洗期间需注意婴幼儿其他身体部位的保暖。

(3)注意事项

如果衣物着火,切忌奔跑,以免风助火势,烧伤头面部和呼吸道。

避免用有色药物(比如紫药水等)涂抹,这些药物会增加随后对烧伤深度判断的难度。

烧烫伤后的创面比较敏感,也比较脆弱,在处理创面时应动作轻柔。用纱布轻轻拭净污垢或异物,切忌刷洗或用力擦洗创面。

如果是生石灰引起的烫伤,需要先擦除生石灰后再用冷水冲洗,以免生石灰遇水发热再次烫伤皮肤。

2. 及时转送医院

进行简单处理后,及时转送到医院就诊。

五、预防措施

1. 在家中合适位置安装烟雾探测器,这样做可以提高家庭对于火灾的预警能力。

2. 不要将盛放热液体或者食物的容器放在桌子或者台面的边上,也不要放在高度较低的台面上,例如咖啡桌上,以免婴幼儿在附近玩耍时碰倒这些容器引发烫伤。

3. 不要让婴幼儿在热炉灶、加热器或暖气片等旁边玩耍。

4. 在抱着婴幼儿的时候,照养人不要抽烟、做饭或拿着热的液体(例如热饮料或热汤),也不要靠近正在做这些事情的人,以免烟头、热的液体(即使少量溅出来的液体)等烫伤婴幼儿。

5. 洗澡前要用手腕内侧或前臂测试水温,浴缸盛好水测好水温后再将婴幼儿放入水中。为了避免烫伤,热水器的最高温度设定应低于 45℃。

安全宝典

> **火灾逃生救治口诀**
>
> 熟悉环境,出口易找。
>
> 发现小火,扑灭趁早。
>
> 火势失控,报警要早。
>
> 保持镇定,有序外逃。
>
> 湿布捂鼻,匍匐弯腰。
>
> 禁入电梯,改走楼道。
>
> 火已及身,滚灭再跑。
>
> 远离险地,不贪不闹。
>
> 衣物烫伤,赶紧脱掉。
>
> 烫伤部位,冷水冲泡。
>
> 保护伤口,就医为要。

第四节　动物伤害的紧急处理及预防

案例 5-4-1

悠悠从小就很喜欢小动物,看见小区里的小狗就会跑过去逗玩。某日天气晴朗,悠悠和爷爷一起在小区里玩耍。悠悠看到一只流浪狗,很高兴地跑过去想要和小狗玩耍,爷爷紧跟在后面,想要拦住悠悠。但无奈悠悠跑得快,爷爷没拦住,流浪狗被忽然跑过来的悠悠吓了一跳,惊慌之下在悠悠的小腿上咬了一口。幸亏是冬天,悠悠穿的衣服多,伤势并不重。但小狗的牙齿太锋利,还是在悠悠的小腿上留下了两排齿痕,还有少量的血渗出。一看到孙子受伤了,爷爷就赶紧带着孙子到医院就诊。医生对伤口处理后,让悠悠一定要注射破伤风抗毒素,同时也要尽快打狂犬病疫苗。爷爷在一旁嘀咕,狂犬病疫苗肯定得打,怎么还得打破伤风疫苗呢?

悠悠为何需要注射破伤风抗毒素和狂犬病疫苗呢?

生活中,人们会接触到各种各样的小动物,如狗、兔子、鸭子、蛇、猫、蜜蜂等,婴幼儿也时常喜欢观察它们,逗它们玩。但某些时候,动物会出于自我保护做出伤害婴幼儿的行为,危害婴幼儿的生命健康。

动物对婴幼儿造成的损伤均为动物伤害,主要包括物理伤害、感染、过敏、中毒等。物理伤害主要包括因动物造成的咬伤、抓伤、刺伤等伤害;感染是指动物携带各种细菌、病毒、寄生虫等病原体,在引起物理伤害的同时,会将这些病原体传染给人体,引起人体局部或者全身的感染;过敏是指当动物体内或携带的物质进入人体后,人体免疫系统在排斥这些物质过程中产生的身体反应;中毒是指动物体内的毒素接触或进入人体后,与体液及身体组织相互作用,扰乱或破坏人体正常生理功能,引起暂时性或持久性的病理状态,甚至可能致人死亡。

常见的动物伤害有猫抓伤、狗咬伤、蜜蜂蜇伤等,本节将重点介绍这几种常见的动物伤害。

第一部分　猫抓伤

一、定义及分类

猫在对人进行搔抓、扑打等过程中引起的人体损伤均为猫抓伤。

二、致伤因素

物理伤害和感染是猫抓伤造成的主要伤害。猫抓伤引发感染的病原体是汉塞巴通体。猫是汉塞巴通体的寄宿主,汉塞巴通体主要通过蚤的幼虫传播给小猫,然后通过猫抓伤或咬伤,从伤口进入人体内。

三、伤情表现及判断

被猫抓伤后,抓痕上会出现一个或多个丘疹。少数丘疹会变成水泡或灰色脓泡,也可能会形成溃疡,有时还会引起伤口周围的淋巴结肿大,之后会遗留色素沉着或结痂而愈合,严重的感染还可能会有全身症状表现,如乏力、头痛、腹痛等。

四、伤情处理

(一) 紧急处理

1. 用物准备

消毒液(碘伏、碘酒等)、无菌棉签、无菌纱布、无菌棉球。

2. 操作步骤

被猫抓伤后,应立刻使用大量的消毒液冲洗伤口;

如果有较多出血,在用消毒液冲洗后,要用无菌纱布或棉球进行包扎止血。

3. 注意事项

避免使用粉末状的止血药物或有色药水涂抹伤口,以免影响医生判断伤情或清理伤口。

(二) 及时转送医院

对伤口进行冲洗后,应尽快将婴幼儿送到医院就诊。

医生会对伤口进行进一步的清理,去除异物、坏死皮肤、组织等,较严重的伤口还需使用抗生素进行抗感染治疗。

小猫在日常活动的过程中很有可能会接触到狂犬病毒,而且破伤风杆菌可能存在于生活中的任何地方。因此,在清理过伤口后要及时注射狂犬病疫苗、破伤风抗毒素或者破伤风免疫球蛋白。

五、预防措施

猫在感到受到威胁的时候可能会做出攻击行为,因此,应尽量避免婴幼儿在猫面前做出投掷、击打等动作,以免猫误认为婴幼儿准备对其进行攻击。

猫身上会携带多种病菌,尽量避免婴幼儿接触情况不明的猫,特别是流浪猫。

第二部分　狗咬伤

一、定义及分类

狗在对人舔舐、撕咬时引起的人体损伤均称为狗咬伤。

二、致伤因素

物理伤害和感染是狗咬伤造成的主要伤害。

狗咬伤的感染最常见的是由需氧微生物（如化脓性链球菌、金黄色葡萄球菌等）及厌氧微生物（如假单胞杆菌、枯草杆菌等）引起，部分感染是由犬咬嗜二碱化碳嗜细胞菌引起。

三、伤情表现及判断

狗咬伤引起的物理伤害中，轻者会引起皮肤的擦伤，重者可引起咬伤部位组织的掉落、身体皮肤和皮下组织被撕开、身体被咬形成空洞。如果损伤重要血管，会引起大量的出血。

四、伤情处理

（一）紧急处理

1. 用物准备

无菌生理盐水、消毒液（碘伏、碘酒等）、无菌棉签、无菌纱布、无菌棉球。

2. 操作步骤

如果只有皮肤擦伤等表浅损伤的伤口，可以用消毒液进行消毒；

如果伤口有明显渗血，消毒后要用无菌纱布或棉球进行包扎；

如果伤口比较深，甚至有贯通伤、撕脱伤，要用大量生理盐水或消毒液冲洗掉伤口的污染物；

如果伤口有较多的出血，消毒后用无菌纱布或棉球进行加压包扎。

（二）及时转送医院

狗咬伤的情况比较复杂，务必在简单进行消毒止血后立即到医院就诊。

被狗咬伤后，即便很小的伤口也不容忽视，应及时注射狂犬疫苗、破伤风抗毒素或者破伤风免疫球蛋白。

五、预防措施

狗在感受到威胁的时候可能会做出攻击行为，因此，应尽量避免婴幼儿在狗面前做出投掷、击打等动作，以免狗误认为婴幼儿准备对其进行攻击。

狗身上会携带多种病菌，尽量避免婴幼儿接触情况不明的狗，特别是流浪狗。

第三部分　蜂蛰伤

一、定义及分类

由蜂类对人蛰刺等引起的人体损伤及过敏等均为蜂蛰伤。

二、致伤因素

蜂类腹部有一对毒囊和一枚毒刺，毒刺刺入皮肤后会立即释放出毒液。若为酸性毒液，会引起人体局部反应及溶血、出血、过敏反应。

三、伤情表现及判断

被蜂蛰伤的部位会出现红肿、疼痛、瘙痒，少数情况下还会出现水疱或坏死，一般几个小时后自愈。但有些严重的蜂蛰伤还会出现身体局部水肿和被蛰伤整个肢体的红斑，引起全身反应，如发热、头痛等。对蜂毒过敏者还会引起荨麻疹、喉头水肿、气管痉挛、呼吸急促等，严重的甚至会出现昏迷、休克、窒息致死。

四、伤情处理

（一）紧急处理

1. 用物准备
镊子、纱布、绷带、碱性药水（如氨水、碳酸钠）、硼砂甘油、甘油、3%的硼酸。

2. 操作步骤
婴幼儿被蜂蛰伤后，要立即让婴幼儿躺下，安抚婴幼儿情绪；

观察患处，仔细观察是单个蜇伤还是多个蜇伤，以及伤处情况；

去除蜂刺，用镊子将蜂刺去除；

若毒液为酸性，在被蜇伤的地方涂上氨水、碳酸钠等碱性药水；如果蜇伤在口、咽部位，可涂硼砂甘油、甘油或3%的硼酸以消除水肿；

用纱布绷带包扎伤处。

3. 注意事项

处理过程中保持冷静，并及时送婴幼儿去医院就诊。

注意处理过程中不要挤压伤口，以免毒液扩散。

对于有严重过敏反应的婴幼儿，务必要保证婴幼儿的呼吸通畅，如果婴幼儿出现呼吸急促等表现，不要耽误，尽快送医。

（二）及时转送医院

在进行简单创面处理后，及时到医院就诊。

五、预防措施

蜂类一般不会主动攻击人类，对于婴幼儿来说，最主要的预防措施就是避免滋扰蜂类，照养人也不要随意捕捉蜂类供婴幼儿玩耍。

 安全宝典

蚊虫咬伤主要有以下症状，一是肿胀，二是瘙痒，再就是严重肿胀引起的皮肤损伤，以及瘙痒引起抓伤后导致的皮肤软组织感染。

对于轻度的肿胀和瘙痒可以使用硼酸或者康复新外敷。严重的肿胀，可以使用激素类软膏，如糠酸莫米松乳膏、地塞米松软膏等。针对抓伤后导致的皮肤软组织感染，可以常规用酒精、碘伏消毒后使用莫匹罗星软膏、多黏菌素等抗生素类软膏。早期发现蚊虫咬伤，可以使用肥皂水，止痒效果也不错。

如果自己不能确定，而且情况比较严重，还是建议及时到医院就诊，听从医生的专业建议，以免耽误治疗。

第五节　呛噎导致窒息的紧急处理及预防

案例 5-5-1

　　家庭聚会时,2岁的小雨开心地拿着芒果边吃边玩,一旁的大人看她活泼可爱还不时地逗她玩。但刚刚还咯咯笑着的小雨却突然发不出声音了,还不停地挥动双臂,面色发紫地倒在地上。一家人都吓坏了,却不知道小雨为何突然变成这样。

　　小雨这是怎么了? 突然出现上述情况时该怎么处理呢? 平时应该怎么做来规避这种情况的发生?

　　婴幼儿被食物或异物呛噎而出现窒息时,抢救的"黄金时间"只有4分钟,当脑部缺氧超过4分钟,就会出现大脑和各脏器损伤,甚至致人死亡。在我国,窒息是5岁以下儿童意外死亡的主要原因。3岁以内的婴幼儿由于咽喉部发育不成熟,很容易因食物和细小物体的呛噎引发窒息。当婴幼儿开始能用手抓取物品时,照养人要特别注意呛噎及窒息的发生。

一、定义及分类

　　窒息是指喉或气管突然梗塞造成的吸气性呼吸困难。如果抢救不及时,会导致全身各脏器缺氧损伤,最终引起心跳过慢、心跳骤停而死亡。

　　窒息主要包括机械性窒息、中毒性窒息和病理性窒息三种类型。

　　机械性窒息是指因机械作用引起的呼吸障碍,如食物或异物呛噎、勒住或掐住脖颈部、压迫胸腹部等造成的窒息。

　　中毒性窒息是指毒物进入人体,阻碍了氧合血红蛋白的形成,导致身体组织缺氧造成的窒息,如煤气中毒(一氧化碳)和亚硝酸盐中毒等引起的窒息。

　　病理性窒息则主要是因为通气障碍致二氧化碳或其它酸性代谢产物在体内蓄积造成缺氧引起,如溺水、哮喘、急性喉炎、重症肺炎和中枢性的呼吸衰竭等引起的窒息。

婴幼儿意外伤害中最常见的窒息是机械性窒息中的由食物或异物呛噎引起的窒息,因此在本章节中我们将主要介绍因呛噎导致窒息的处理。

二、致伤因素

小块食物、玩具和家中常见的小件物品都很容易被婴幼儿吸入气管,是引起呛噎进而导致窒息的危险因素。

(一) 常见的易引发呛噎导致窒息的食物

小块的坚果:如花生、瓜子、核桃仁等。

硬而黏的小块糖果。

容易被吸入气管的零食:如爆米花、果冻、口香糖等。婴幼儿吸食果冻时容易因用力过猛而吸入气管;婴幼儿咀嚼吞咽功能差,长时间咀嚼口香糖容易误吸入气管。

小块的水果:如整粒葡萄、苹果块、梨块等。

质硬的大颗粒状食物:如玉米、豆子等。

质软而难吞咽的块状食物:如馒头、面包等,咀嚼吞咽功能差的婴儿在进食此类食物时易误入气管。

(二) 常见的易引发呛噎导致窒息的玩具及物品

小型物品:如硬币、钻石、各类珠子和小球、纽扣、纽扣电池、钢笔/记号笔的笔盖等。纽扣电池因含强酸强碱及重金属,一旦被误呛,危害性极大,应尽快取出。

小型玩具或玩具零部件:如汽车组装玩具的小螺丝、小块乐高积木等。

一些容易"变形"的玩具:如气球、吸水珠等。气球突然爆炸后碎片容易被婴幼儿误吸入气管;吸水珠玩具(俗称"海绵宝宝")遇水会胀大,一旦被婴幼儿误吸入气管会迅速胀大堵住气管,引起窒息。

三、伤情表现及判断

当婴幼儿在玩耍或者进食时突然出现以下情况,可能发生了呛噎窒息:不能发出任何声音,不能哭或咳嗽;只能发出轻微无力的咳嗽,或只能发出尖锐的声音;只能挥动双臂,面色发青;失去意识。

如果婴幼儿出现前三种表现,说明婴幼儿极有可能发生了呛噎导致的窒息;如果婴幼儿已经失去意识,则说明窒息情况较为严重。

四、伤情处理

（一）紧急处理

1. 用物准备

无。

2. 操作步骤

当婴幼儿发生呛噎导致窒息时，照养人应及时采取以下措施：

（1）马上向周围人求救；

（2）尽快采取急救措施，婴幼儿发生呛噎窒息时要立刻采用海姆立克急救法施救，婴幼儿失去意识或呼吸停止时要立刻采用心肺复苏术（CPR）施救。

3. 注意事项

施救时一定要保证施救手法正确，用这宝贵的"黄金4分钟"来挽救婴幼儿的生命。

（二）及时转送医院

当发现婴幼儿因异物呛噎窒息时，如果仅有一位成人在场，应立即施救，并使用电话免提功能拨打急救电话；如果有两位及以上成人在场，一位成人施救，另一位成人应在需要实施心肺复苏术前尽快拨打急救电话。

即便采用海姆立克急救法使婴幼儿将异物排出，也要及时到医院就诊，清除可能残留在婴幼儿体内的异物碎片。

五、预防措施

为避免婴幼儿呛噎窒息的发生，日常生活中应尽量排除家庭环境中的危险因素，照养人要规范自己的照养行为，并帮助婴幼儿养成良好的生活习惯，主要包括以下几个方面。

（一）规避家庭环境风险

依据玩具说明为婴幼儿选择适宜年龄的、安全的玩具，以减少呛噎窒息发生的可能性。

检查并清理家中各个角落的小件物品及玩具的小型部件，以防婴幼儿无意间塞入口中而发生呛噎窒息。

（二）规范照养人照护行为

照养人要学习海姆立克急救法和心肺复苏术等基本的呛噎及窒息急救措施。

照养人要清楚危险食物及物品有哪些,并尽量避免婴幼儿接触到这些食物及物品。

照养人要时刻监督婴幼儿的进食过程,婴幼儿吞咽咀嚼功能尚未发育完善,进食过程中极易发生食物呛噎,需要照养人的时刻监督,以便及时规避风险。

(三) 规避婴幼儿危险行为

婴幼儿尽量不吃颗粒状干果类及豆类食品。

给婴幼儿吃硬块食物时,要尽量切成碎末。

婴幼儿要尽量坐在饭桌前吃饭,进食时要保持安静,避免嬉笑哭闹。

当婴幼儿嘴中有食物时,不要跑跳、走动、玩耍或躺下。

不要让婴幼儿将玩具或其他物品含在口中,以免婴幼儿将这些物品上的零件或碎片吞入体内。

 安全宝典

婴幼儿成长过程中,因各种原因引起的窒息时有发生,在实施急救措施时,关键在于打开气道,保持呼吸道通畅。

如果窒息是由中毒引起的,则应当及时将婴幼儿移到空气流通的开阔地带。如果婴幼儿心跳呼吸骤停,则需要马上进行心肺复苏,并尽快拨打急救电话。

如果窒息是由溺水引起的,应立即清除口鼻腔异物,保持呼吸道通畅,采用压腹、拍背,头朝下的体位将呼吸道及胃内误吸的水尽快排出,同时拨打急救电话;如果溺水导致儿童呼吸、心跳停止,则应立即施行心肺复苏。

窒息抢救最关键的时间只有 4 分钟,作为照养人,要积极接受并掌握关于儿童窒息的基本急救、心肺复苏或紧急预防方面的知识和技能,以便在意外发生时及时施救,把握住抢救的"黄金 4 分钟"。

第六节　婴幼儿常见中毒的紧急处理及预防

案例 5-6-1

1 岁的豪豪平日里活泼好动,今天却突然精神状态不佳,总是想睡觉,还出现了一次严重的抽搐,抽搐时豪豪的双眼盯着一个方向,牙关紧闭,口吐白沫,四肢不停地抖动,大人叫他的名字他也无法回答。家长们都被豪豪的样子吓坏了,也不知道豪豪为什么会突然变成这样。后来妈妈发现豪豪经常玩耍的客厅有奶奶降糖药的药瓶,瓶内药物少了大半。

如果发生以上情况该怎么办呢?

5 岁以下儿童活泼好动,好奇心强,如果照养人看护不当,往往会出现误食、误用有毒物品等情况,其中最为常见的就是经消化道误食中毒。急性中毒是儿童常见的意外伤害,是全球儿童意外伤害死亡的五大原因之一,居我国 1—4 岁儿童死亡原因首位,病死率高达 4.38%。由于儿童器官功能发育尚不完善,急性中毒后病情进展较成人更快,如果诊治不及时,会危及生命。但中毒的婴幼儿如果能得到迅速救治的话,大部分都不会有永久性伤害的后遗症。

一、定义及分类

能引起中毒的物质称为毒物。毒物接触或进入人体后,与体液及身体组织相互作用,扰乱或破坏人体正常的生理功能,引起暂时性或持久性的病理状态,甚至致人死亡,这一过程称为中毒。

变质食物、口服药物和农药中毒是日常生活中常见的三类中毒,主要是毒物被误服误食,经消化道而引起中毒。在本节中,也将着重介绍这几类常见的中毒。

二、中毒因素

造成婴幼儿中毒的主要危险因素包括：不干净的食物、各种药物、灭鼠药、农药（杀虫剂、除草剂、有机磷等）、各种消毒清洗剂、去污剂、防腐剂、一氧化碳等有毒气体以及蛇咬伤、蜂蜇伤等，其中不干净的食物、误服口服药物和农药、鼠药等是最常见的。

婴幼儿中毒的种类与地点、季节、父母职业、环境等多种因素有关。在农村，中毒类型以鼠药、农药和有毒动物蜇咬为主，城市则以食物、误服各种药物和各种消毒清洁剂、防腐剂、去污剂等为主。夏季是发生食物中毒、农药中毒、蛇咬伤及蜂蜇伤的高峰期，冬季则以一氧化碳中毒最多见。

三、伤情表现及判断

（一）伤情表现

多数中毒的婴幼儿在最开始会表现出恶心、呕吐、腹痛、腹泻等消化道症状，严重时还会出现发热、脱水、睡眠增多、抽搐，甚至休克、昏迷等症状。

部分种类的中毒还会表现出一些特殊的症状：

1. 口唇皮肤青紫（图 5-6-1，如常见的亚硝酸盐中毒）；

图 5-6-1　口唇皮肤青紫

图 5-6-2　皮肤潮红

2. 皮肤潮红（图 5-6-2，如阿托品等颠茄类药物中毒）；

3. 口腔黏膜糜烂（腐蚀性毒物中毒，如含各种强酸和强碱成分的化学品）；

4. 呼出的气体有大蒜味（如有机磷类农药中毒）。

（二）伤情判断

如果发现婴幼儿周围有开盖的或空的有毒危险物品容器，即使婴幼儿暂时没有中毒的相关症状表现,也要高度怀疑婴幼儿有中毒的可能性。

如果婴幼儿无诱因地突然出现恶心、呕吐、腹痛、腹泻,甚至抽搐、昏迷等症状,需仔细检查家中存放的有毒物品或药品是否完好,并回忆婴幼儿近期饮食情况。

四、伤情处理

(一) 紧急处理

1. 用物准备

清水。

2. 操作步骤

一旦怀疑婴幼儿服用或接触危险物品后中毒,照养人需要保持冷静,并迅速采取以下措施:

(1) 将危险物品从婴幼儿身边拿开,如果婴幼儿嘴里还有危险物品,让婴幼儿吐出或者成人用手指弄出,使用清水冲洗婴幼儿的口腔时应尽量避免咽下;家中催吐应十分小心,避免呕吐物误吸引起窒息。如果危险物品(如洁厕灵、小苏打等)成分中含强酸/强碱等腐蚀性成分,则不要冲洗口腔,也不要催吐,这可能引起食道的二次损伤,可以通过喝牛奶、豆浆、鸡蛋清等来减少化学物质对身体的腐蚀性损伤。

(2) 如果容器内危险物品有挥发性,应当及时将婴幼儿移到空气较为流通的开阔地带,同时保证其呼吸通畅。

(3) 与有毒危险物品有皮肤接触的婴幼儿则应及时脱掉被毒物污染的衣物,并用大量清水清洗皮肤、头发以及指甲等部位。

(4) 如果婴幼儿已经昏迷、停止呼吸,应立即开始心肺复苏术,直到婴幼儿可以自主呼吸或者医务人员到达。

3. 注意事项

在进行心肺复苏时,如果仅有一位成人在场,应立即施救,并使用电话免提功能能拨打急救电话;如果有两位及以上成人在场,一位成人施救,另一位成人应在实施心肺复苏术前尽快拨打急救电话。

(二) 及时转送医院

一旦怀疑中毒应尽快拨打急救电话将婴幼儿送至附近医院进行急救处理。

就诊时要带上婴幼儿可能误服的药物或毒物的容器,剩余的药物或毒物,婴幼儿的呕吐物、排泄物等;尽量回忆并告诉医生婴幼儿误服毒物的名称、时间和误服的数量。

医生会根据病情对婴幼儿采取适当的救治措施,照养人要尽量配合医生的治疗和处理。

五、预防措施

日常生活中照养人应尽量排除家庭环境中的危险因素,规范自己的照养行为,以避免婴幼儿急性中毒的发生,主要包括以下几个方面:

(一) 规避家庭环境风险

1. 把家中常备的药品、灭鼠药、农药、各种消毒清洗剂、去污剂、防腐剂、杀虫剂等危险品用原始的带标签的包装保存,不要用曾经装过食物的容器来装这些药物或危险品,如饮料瓶、食品罐、杯子等,避免成人或婴幼儿把它们当作食物而错拿。

2. 把药物及各类危险品用上锁的柜子保存或者放在婴幼儿够不到的地方。

3. 不要把牙膏、肥皂、洗发水及其他日用品与药物及各类危险品放在同一个柜子里,以防成人在起床或者睡前等思绪不清楚时错误使用。

(二) 规范照养人照护行为

1. 把所有吃剩下的或过期的处方药作为垃圾处理,以防被误服。

2. 尽量在婴幼儿看不见的地方吃药,以防婴幼儿模仿大人吃药后引起中毒。

3. 用正确的名字称呼药物,不要用糖水/糖果来称呼药物,避免婴幼儿趁大人不注意时把药物当成糖吃掉。

4. 每次给婴幼儿服药前要仔细查看标签,确保给婴幼儿按照适当的剂量喂服正确的药物,尤其夜间要开灯喂药,避免给婴幼儿错服药物。

5. 尽量不给婴幼儿吃隔夜或不新鲜的食材做成的食物。

安全宝典

婴幼儿急性中毒多数情况下治疗效果较好,但农药、精神类药物和鼠药中毒风险较大、治疗效果较差,农药中毒以百草枯中毒治疗效果最差。

婴幼儿急性中毒的治疗效果除了与毒物种类有关外,还与毒物侵入途径、摄入的剂量、就诊时间、是否在早期使用了特效解毒剂和采取血液净化治疗等因素有关。

婴幼儿急性中毒病情相对成人进展更快,病情更严重,因此治疗必须争分夺秒。照养人做好婴幼儿急性中毒的预防、学习掌握中毒后的紧急处理可以降低婴幼儿中毒病死率,对减少婴幼儿急性中毒的发生、提高救治成功率有重要意义。

本章主要参考文献

1. 祝益民,吴琼. 儿童急性中毒的现状[J]. 中国小儿急救医学,2018,25(2)：81 - 83.

2. 戴淑凤. 学前儿童常见病与意外伤害应急处理速查手册[M]. 北京：教育科学出版社,2019.

3. 郑继翠. 儿童意外伤害预防与急救全攻略[M]. 上海：中国中福会出版社,2019.

4. 高恒妙. 儿童急性中毒的快速识别与紧急处理[J]. 中国小儿急救医学,2018,25(2)：84 - 93.

5. 美国心脏协会. 2020 年美国心脏协会心肺复苏及心血管急救指南[Z]. 2020.

第六章

安全照护及伤害的
紧急处理实操指导

内容框架

安全照护及伤害的
紧急处理实操指导

家庭安全照护入户评估
- 适宜对象
- 评估准备
- 评估步骤及要点
- 注意事项

海姆立克急救法及心肺复苏术
- 适宜对象
- 操作准备
- 操作步骤及要点
- 操作注意事项

学习目标

1. 掌握家庭安全照护入户评估的步骤及注意事项；

2. 掌握海姆立克急救法及心肺复苏术的步骤及注意事项。

第一节　家庭安全照护入户评估

一、适宜对象

0—3 岁婴幼儿家庭。

二、评估准备

（一）用物准备

1.《家居安全环境评估表》(表 6-1-1),1 份/人。

2.《出行安全行为评估表》(表 6-1-2),1 份/人。

3. 笔,1 支/人。

4. 一次性鞋套,1 双/人。

5. 免洗消毒洗手液,1 瓶。

（二）环境及个人准备

1. 提前联络

提前联系需要进行安全评估的家庭,取得同意并约定入户评估的时间。

2. 保证主要照养人在场

为了达到访谈的目的,入户当天须婴幼儿主要照养人在场。

3. 注意仪表

入户前注意个人仪表仪态,保证端庄得体。

三、评估步骤及要点

（一）准时到达

按照约定的时间,所有成员准时到达入户家庭。

（二）自我介绍

向入户家庭的家庭成员礼貌地自我介绍，并再次征得其同意。自我介绍可参考以下表述："您好，我是某某，之前与您/您家人约好今天进行家居安全环境评估，大概需要20分钟左右，谢谢您的支持和配合"。

（三）卫生准备

在入户家庭门口，当着家庭成员的面穿好一次性鞋套，并使用免洗消毒洗手液洗净双手。

（四）完成家居安全环境评估

1. 观察顺序

按照客厅—卧室—餐厅—厨房—卫生间的顺序依次检查，根据表格中的评估内容观察地面、窗户、家具等环境（评估表中序号1—5项）并填写表格。

2. 必要时询问

评估表中序号6—10项的内容主要为照护行为，如果现场能观察到结果，可直接填写；如无法直接观察到，可以询问主要照养人进行评估。

3. 其他安全问题

如果家庭中存在《家居安全环境评估表》之外的明显的安全隐患，填写在表格"其他安全问题"处。

（五）完成出行安全行为评估

1. 询问主要照养人

根据《出行安全行为评估表》，了解主要照养人在带婴幼儿出行过程中的安全行为，并逐条询问其遇到的照护安全问题。

2. 记录

根据主要照养人的回答，填写《出行安全行为评估表》中的评估结果。

3. 其他安全问题

如果家庭中存在《出行安全行为评估表》之外的明显的安全隐患，填写在表格"其他安全问题"处。

（六）感谢与道别

向家庭成员表示感谢，并礼貌道别，整理好随身物品后离开。

（七）形成并反馈评估报告

整理好评估结果和安全建议,重新填写一份《家居安全环境评估表》《出行安全行为评估表》作为评估报告,反馈给对应的入户家庭。

四、注意事项

（一）评估当天再次确认是否可以入户

评估当天需向家庭成员再次确认是否可以入户。如因突发情况,家庭成员表示不能配合,或入户期间需要评估人员提前离开时,评估人员应表示理解并尽快离开。

（二）哪些情况下不建议入户评估

1. 当评估人员出现发烧、咳嗽、腹泻等不适症状时,为避免疾病传播,不适宜入户评估;

2. 当被访家庭婴幼儿有发烧、咳嗽、腹泻等不适症状时,应取消入户评估。

（三）避免不恰当的言行

1. 在入户评估过程中,不要谈论与评估无关的内容,以免耽误时间或引起不必要的麻烦。

2. 未经家庭成员允许,不要随意触碰与评估无关的家庭用品,如房间内的装饰物等。

3. 入户期间,若小组成员对评估结果持有不同意见,避免在入户家庭中现场讨论。

4. 如遇入户家庭成员出言不逊或有不礼貌行为,应避免冲突,并第一时间向老师反馈。

（四）评估结果反馈

1. 形成评估报告过程

评估结果不可当场告知入户家庭,需要经小组讨论和交流、汇报、教师点评后,再总结形成相应家庭的入户安全评估报告,打印后送达入户家庭。

2. 需现场告知情况

评估过程中,如发现家居环境中存在明显的安全风险,如剪刀就放在婴幼儿眼前,或婴幼儿正在把细小物品放进嘴里,务必在现场第一时间告知照养人。

表 6-1-1 家居安全环境评估表

入户家庭编号：_____　婴幼儿姓名：_____　性别：_____　月龄：_____

主要照养人：_____　日期：_____　填表人：_____

序号	评 估 内 容	评估结果(是/否)
1	室内地面防滑、墙面挂物安全	
2	室内门安装防夹手装置	
3	窗户(含阳台)有护栏等防护装置	
4	茶几、桌子等家具为圆角或有儿童防护条(角)	
5	家中婴幼儿可以接触到的地方没有暴露的电源插座	
6	婴幼儿一直在照养人的视线范围内	
7	婴幼儿不能自由进出厨房、卫生间	
8	家中热汤、热水等均放在婴幼儿接触不到的地方	
9	家中的洗涤剂、消毒剂、农药等化学试剂均放在婴幼儿接触不到的地方	
10	家中的刀、剪等锋利物品均放在婴幼儿接触不到的地方	

其他安全问题：

安全建议：

注：1. 此表格为课程配套的自编表格，仅适用于课程实习。
　　2. 建议评估房间的顺序为客厅—卧室—餐厅—厨房—卫生间。
　　3. 遇不可直接观察到的项目，可询问主要照养人。
　　4. "其他安全问题"和"安全建议"可在表格背面续写。

表 6-1-2 出行安全行为评估表

入户家庭编号：_____ 婴幼儿姓名：_____ 性别：_____ 月龄：_____

主要照养人：_____ 日期：_____ 填表人：_____

序号	评 估 内 容	评估结果(是/否)
1	定期检查童车零部件	
2	儿童玩具车(滑板车、自行车、平衡车)未驶进公共交通道路	
3	带婴幼儿通过路口时遵从交通信号灯指示	
4	私家车使用合适的婴幼儿安全座椅	
5	未将婴幼儿单独留在私家车内	
6	乘坐公共交通工具时,婴幼儿能坐稳扶好	
7	婴幼儿在商场、超市等公共场所内不奔跑打闹	
8	游乐场游玩时选择适合婴幼儿年龄的项目	
9	婴幼儿在公共餐厅用餐时,不随意走动	
10	出行时照养人能采取防范婴幼儿走失的措施	

其他安全问题：

安全建议：

注：1. 此表格为课程配套的自编表格,仅适用于课程实习。

　　2. 表格中的项目需询问主要照养人并记录。

　　3. "其他安全问题"和"安全建议"可在表格背面续写。

第二节　海姆立克急救法及心肺复苏术

一、适宜对象

0—8岁儿童。

二、操作准备

（一）用物准备

1. 桌子或工作台(区)1张/个。
2. 普通婴儿模型和普通儿童模型各1个。
3. 婴儿心肺复苏模型和儿童心肺复苏模型各1个。
4. 无菌纱布若干。
5. 各种容易引起窒息的食物和小物品。

（二）环境及个人准备

学生分组进行操作演练,每组最多6—8人。

三、操作步骤及要点

（一）呛噎窒息的识别

当婴幼儿发生食物或异物呛噎时,需要通过以下问题来判断是否需要采取进一步的急救措施:

1. 是否能发出声音? 能哭喊吗? 还是仅能发出尖锐的声音?
2. 能咳嗽吗? 还是仅有轻微无效的咳嗽?
3. 有面色发青吗? 还是全身发灰?
4. 婴幼儿还有意识吗?

如果婴幼儿能咳嗽、哭喊、面色正常,可以继续观察,等待急救车的到来;如果婴幼儿不能发出任何声音,不能哭和咳嗽,或婴幼儿面色发青,只能发出轻微无力的咳嗽或尖锐的声音,则需立即进行海姆立克急救法；如果婴幼儿全身发灰，没有意识，则需立即进行心肺复苏术。

(二) 海姆立克急救法及心肺复苏术的步骤

海姆立克急救法及心肺复苏术的具体步骤详见表6-2-1和表6-2-2。

四、操作注意事项

进行海姆立克法操作时，要让婴幼儿头部低于胸部，不要捂住其嘴巴，不能扭伤其脖子。

进行心肺复苏操作中的胸外按压时，要保证每次按压后，胸部恢复到正常位置，两次按压中断不超过10秒。

 教学·小贴士

在动手操作之前，教师向学生展示容易引起窒息的食物和小物品，讲解每项技术的操作步骤和理论要点，并鼓励学生主动参与。

可参考下面的步骤进行讨论和教授：

1. 教师请学生讨论怎样做才能预防窒息的发生；

2. 教师请学生列举当婴幼儿发生呛噎，出现哪些情况时需要采取急救措施；

3. 教师描述需要采取海姆立克急救法的条件，并演示海姆立克急救法的基本步骤，讲解海姆立克急救法针对1岁以下婴儿和1—8岁儿童的区别，并请学生使用模型进行基本演示，老师进行现场纠正；

4. 教师再次演示一遍完整的海姆立克急救法，学生根据教师提供的案例场景，熟练地完成海姆立克急救法的操作流程；

5. 教师描述需要进行心肺复苏术的条件，并演示心肺复苏术的基本步骤，讲解针对1岁以下婴儿和1—8岁儿童心肺复苏术的区别，并请学生使用模型进行基本演示，教师进行现场纠正；

6. 教师重点演示心肺复苏术时胸外按压的技术要点，学生根据技术要点进行现场练习；

7. 教师重点演示心肺复苏术操作中人工呼吸的技术要点，学生根据技术要点进行现场练习；

8. 教师再次演示一遍完整的心肺复苏术，包括从辨别需要进行心肺复苏的患儿到急救车赶到之间的整个过程。学生根据教师提供的案例场景，熟练地完成心肺复苏的操作流程。

表 6-2-1 1 岁以下婴儿呛噎及窒息抢救措施

1 岁以下婴儿呛噎及窒息抢救措施			
海姆立克急救法 当婴儿发生呛噎，且症状符合采取急救措施条件时，按如下步骤操作，并尽快拨打120 急救电话。		**婴儿心肺复苏术(CPR)** 当婴儿没有意识或呼吸停止时，将婴儿放在平坦坚硬的平面上，按如下步骤操作，并尽快拨打120 急救电话。	
1. 拍打背部 5 下 (如图 6-2-1) (1) 把婴儿翻过来，面朝下； (2) 让婴儿俯卧在成人手臂上； (3) 用一只手支撑婴儿的头部； (4) 用另一只手的手掌在婴儿两侧肩胛之间用力拍打 5 下。 注： 婴儿头部低于胸部； 不要捂住婴儿嘴巴； 不能扭着婴儿脖子。	交替进行拍背和挤压，直到呛噎物体从婴儿口中吐出；如果婴儿没有意识、呼吸停止，立刻进行心肺复苏，并拨打120。	**1. 开始胸部按压** (如图 6-2-3) 用一只手的两到三个手指按压婴儿胸部： (1) 位置：两侧乳头连线的中点 (2) 深度：按压深度最少至胸腔前后径的1/3，大约4 厘米； (3) 频率及次数：以 100—120 次/分钟的频率按压 30 次。 注： 每次按压后，保证胸部回复至正常位置； 两次按压中断不超过 10 秒。	**2. 打开气道** (如图 6-2-4) (1) 将婴儿头偏向一侧，用手指清除其口腔及呼吸道中的异物； (2) 打开气道(头部向后倾斜，下巴抬起)。
交替进行			
2. 胸部挤压 5 次 (如图 6-2-2) (1) 让婴儿仰卧； (2) 用胳膊支撑婴儿的身体； (3) 用一只手支撑婴儿的头部； (4) 另一只手的两到三个手指头放在婴儿双侧乳头连线中点下方的胸骨上并连续按压 5 次； (5) 每拍背 5 下后胸部挤压 5 次，如此循环反复。		**3. 人工呼吸** (1) 捏住婴儿的鼻子； (2) 吸气后，对婴儿口吹气2 次；每次吹气持续超过 1 秒，要看到婴儿胸部抬起；两次吹气之间间隔3—5 秒。	**4. 继续胸部按压** (1) 每 30 次胸部按压后吹气 2 次，如此循环反复； (2) 每 5 个按压吹气循环(大约 2 分钟)后评估婴儿意识反应。

注：本表内容参考 2020 年美国心脏协会《心肺复苏及心血管急救指南》。

表 6-2-2　1—8 岁儿童呛噎及窒息抢救措施

1—8 岁儿童呛噎及窒息抢救措施				
海姆立克急救法 当儿童发生呛噎,且症状符合采取急救措施条件时,按如下步骤操作,并尽快拨打120急救电话。			**儿童心肺复苏术(CPR)** 当儿童没有意识或呼吸停止时,将儿童放在平坦坚硬的平面上,按如下步骤操作,并尽快拨打120急救电话。	
腹部挤压 5 次(如图6-2-5) (1) 站或坐在儿童身后; (2) 两只胳膊环抱儿童; (3) 一只手攥成拳头,掌心向内,放在儿童肚脐和胸骨之间,另一只手捂按在拳头上; (4) 快速向上向内挤压连续5次; (5) 检查是否有异物排出。	重复挤压,直到呛噎物体从儿童口中吐出;如果儿童没有意识,呼吸停止,立刻进行心肺复苏,并拨打120。	→ → → →	**1. 开始胸部按压**(如图6-2-6) 双手相扣按压儿童胸部: (1) 位置:两侧乳头连线的中点; (2) 深度:按压深度最少至胸腔前后径的1/3,大约5厘米; (3) 频率及次数:以100—120 次/分钟的频率按压30次。 注: 每次按压后,保证胸部回复至正常位置; 两次按压中断不超过10秒。	**2. 打开气道**(如图6-2-7) (1) 将儿童头偏向一侧,用手指清除其口腔及呼吸道中的异物; (2) 打开气道(头部向后倾斜,下巴抬起)。
			3. 人工呼吸 (1) 捏住儿童的鼻子; (2) 吸气后,对儿童口吹气2次;每次吹气持续超过1秒,要看到儿童胸部抬起;两次吹气之间间隔3—5秒。	**4. 继续胸部按压** (1) 每30次胸部按压后吹气2次,如此循环反复; (2) 每5个按压吹气循环后(大约2分钟)评估儿童意识反应。

注:本表内容参考2020年美国心脏协会《心肺复苏及心血管急救指南》。

图 6-2-1　拍打 1 岁以下婴儿背部

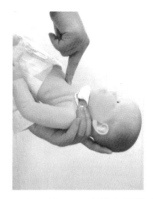

图 6-2-2　挤压 1 岁以下婴儿胸部

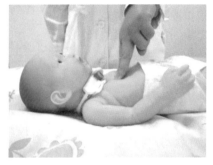

图 6-2-3　按压 1 岁以下婴儿胸部

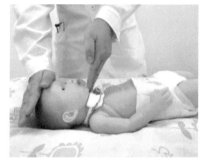

图 6-2-4　打开 1 岁以下婴儿气道

图 6-2-5　挤压 1—8 岁
儿童腹部

图 6-2-6　按压 1—8 岁儿童胸部

图 6-2-7　打开 1—8 岁儿童气道

模拟案例

案例1

婴儿在进食葡萄时突然出现食物呛噎

10个月的婴儿正在喂食吸管内的葡萄,突然面色青紫、咳嗽无力、没有哭声。妈妈检查发现吸管内剩余的葡萄不见了,怀疑葡萄已被婴儿喂进气管内。

1. 需要进行急救措施的特征有哪些?

婴儿进食葡萄时突然呛噎、面色青紫、咳嗽无力、没有哭声。

2. 需要进行何种处理?

立即实施1岁以下婴儿的海姆立克急救法,并尽快拨打120急救电话。

3. 如果婴儿在实施海姆立克急救法过程中没有意识,呼吸停止,该怎么办?

立即实施1岁以下婴儿的心肺复苏术。

4. 如果实施了一轮心肺复苏,婴儿依旧没有反应该怎么办?

继续进行下一轮心肺复苏,直到婴儿苏醒或医务人员到达。

案例2

2岁多的幼儿边玩边吃玉米时突然出现食物呛噎

2岁多的幼儿正蹦蹦跳跳地边玩边吃玉米,玩得正开心的时候,突然倒地、抽搐、面色青紫、没有哭声。该幼儿一向身体健康,和同龄幼儿的生长发育相似,家族中也没有特殊的遗传病史。

1. 需要进行急救措施的特征有哪些?

幼儿边玩边吃玉米时突然呛噎、倒地抽搐、面色青紫、没有哭声。

2. 需要进行何种处理?

立即实施1—8岁儿童的海姆立克急救法,并尽快拨打120急救电话。

3. 如果幼儿在实施海姆立克急救法过程中没有意识,呼吸停止,该怎么办?

立即实施1—8岁儿童的心肺复苏术。

4. 如果实施了一轮心肺复苏,幼儿依旧没有反应该怎么办?

继续进行下一轮心肺复苏,直到幼儿苏醒或医务人员到达。

本章图片来源

本章图片均由李芳拍摄。

本章主要参考文献

1. 郑继翠.儿童意外伤害预防与急救全攻略[M].上海：中国中福会出版社,2019.
2. 美国心脏协会.2020年美国心脏协会心肺复苏及心血管急救指南[Z].2020.

案例解析

【案例 2‑1‑1】
案例中的妈妈该怎么避免这种情况呢？

解析：

为了方便打扫，很多家庭会选用瓷砖铺设地面。安全起见，最好选用防滑性较好的瓷砖，家庭成员在地面上行走时要上防滑鞋。但即便使用了防滑瓷砖和防滑鞋，地面如果有水渍，还是有可能出现案例中意外滑倒的情景。因此，要注意及时清理地面，保持地面清洁干燥。案例中的妈妈可以准备一块抹布，在晾衣服时及时擦干衣服滴在地面上的水。

【案例 2‑1‑2】
对于有婴幼儿的家庭，在家中搬运或修理大件家具/电器时有哪些安全注意呢？

解析：

家庭需要搬运或修理大件家具/电器时，建议有专门的照养人来照看孩子，避免孩子在家具或电器附近随意活动。如果孩子对搬运或修理活动十分好奇，照养人可以带孩子在相对安全的方法观察。

【案例 2‑1‑3】
对于有婴幼儿的家庭，窗户及阳台有哪些安全注意事项呢？

解析：

为了帮助婴幼儿父母回归工作和事业，很多家庭都是由一位或两位祖辈看护婴幼儿。考虑老人年纪较大，活动受限，而且在维持正常家庭生活和孙辈的日常照护中又耗费了大量体力和精力，总有照顾不周的时候；而婴幼儿活动和判断能力均较弱却又精力充沛。所以，建议婴幼儿家庭，务必避免窗户或阳台附近存放婴幼儿可借力攀爬的物品，如窗、凳子、箱子等。另外，有婴幼儿的家庭，建议安装防护栏，以免发生案例中的婴幼儿坠楼意外的严重后果。

【案例 2‑1‑4】
对于有婴幼儿的家庭，五斗橱这类家具有哪些安全注意事项呢？

解析：

五斗橱这种重心较高、较重的立式家具，务必固定在墙上，否则有倒地砸伤儿童的风险。另外，五斗橱的抽屉最好也安装儿童抽屉锁，以防婴幼儿打开、翻找物品和踩踏，消除翻倒的安全隐患。

【案例 2‑1‑5】

对于有婴幼儿的家庭,折叠收放类家具有哪些安全注意事项呢?

解析:

婴幼儿家庭应尽量避免购买折叠收放类家具,如果考虑增加活动空间,不得不选择收放类家具时,务必购买时首选收放折页可完全固定的款式,以免儿童活动能力较弱或判断失误,而导致受伤。

【案例 2‑1‑6】

对于有婴幼儿的家庭,插座有哪些安全注意事项呢?

解析:

婴幼儿家庭的插座建议均使用儿童保护套,以防孩子因好奇将手指或拿着某些易发生触电的物品伸进插座孔,而发生电击危险。

【案例 2‑1‑7】

对于有婴幼儿的家庭,家用电器有哪些安全注意事项呢?

解析:

家用电器不可避免地会使用电源线和插线板,未在使用状态的电器应及时拔下电源。同时,为避免引发火灾,一定不要将插座或插线板紧邻易燃物放置。

【案例 2‑2‑1】

对于有婴幼儿的家庭,婴儿床有哪些安全注意事项呢?

解析:

为了防止婴幼儿从床上跌落摔伤,有些家庭购买使用了有防护栏的婴儿床。建议婴儿床的栏杆间距要小于 5 厘米,以防儿童的头部或四肢伸出栏杆发生挤压或案例中的后果。另外,为了婴幼儿的安全,不建议 3 岁以下婴幼儿与父母夜间分房睡,而是建议"分床不分房"。

【案例 2‑2‑2】

对于有婴幼儿的家庭,婴儿床上用品有哪些安全注意事项呢?

解析:

很多家庭低估了孩子睡眠时的活动范围,将厚厚的被褥堆放在婴儿床里,引发了很多婴儿窒息等严重后果。如果照养人无法及时发现,会发生婴儿窒息死亡而追悔莫及。

【案例 2－2－3】

对于有婴幼儿的家庭,在婴幼儿睡眠时有哪些安全注意事项呢?

解析:

因为长时间地照看婴幼儿,照养人偶尔会产生懈怠。但无论如何,为了婴幼儿的健康和安全,一些照护行为还是要特别引起注意,尤其是案例中这种含食物睡眠的行为,因会引发窒息等严重后果,必须严禁。

【案例 2－3－1】

对于有婴幼儿的家庭,厨房有哪些安全注意事项呢?

解析:

婴幼儿的动作技能和语言理解能力有限,简单的说教很难帮助他们明白厨房里的安全隐患,建议禁止 6 岁以下儿童进入厨房。

【案例 2－3－2】

对于有婴幼儿的家庭,饮食过程中有哪些安全注意事项呢?

解析:

热的食物和液体,在降到安全温度(手感不烫手)之前,严禁放在儿童可接触的范围内。烫伤不仅疼痛感强、疼痛时间长;而且能损伤一片皮肤,尤其深度烫伤的后续还需要植皮,也许会留较明显的疤痕,会对儿童身心发展、家庭和睦和经济造成持久的伤害。

【案例 2－4－1】

对于有婴幼儿的家庭,卫生间有哪些安全注意事项呢?

解析:

1 岁以后的婴幼儿活动能力增强,照养人总有不注意的时候,例如案例里的育儿嫂,基本是专职照看孩子,但她转身倒水的时候,孩子就跑进卫生间。所以,建议家中的卫生间,尤其是面积较大房间较多的家庭,安装卫生间防护门锁。

【案例 2－4－2】

对于有婴幼儿的家庭,盥洗照护过程中有哪些安全注意事项呢?

解析:

无论任何理由,都不能将婴幼儿独自留在装满水的浴盆里,哪怕几分钟,这几分钟就可能会危及孩子的生命。

【案例 2 - 5 - 1】

对于有婴幼儿的家庭,婴幼儿着装有哪些安全注意事项呢?

解析:

帽衫是帽子和衣服的结合体,因为便利和美观,很多照养人都给孩子选购。但为了降低窒息风险,建议 6 岁以下儿童尽量避免穿帽衫。

【案例 2 - 6 - 1】

对于有婴幼儿的家庭,玩具有哪些安全注意事项呢?

解析:

正规厂家的玩具,不论选料还是做工,都是比较可靠的,地摊玩具一般来源不明,不建议购买。而且 3 岁以下儿童在选择玩具时,优先选择柔软或一次成型的玩具,案例中这种带有螺丝钉的玩具,一般会在说明书上提示照养人,不建议提供给 3 岁以下婴幼儿。

【案例 2 - 6 - 2】

对于有婴幼儿的家庭,游戏过程中有哪些安全注意事项呢?

解析:

"举高高"游戏,因明显的位置移动带来不同寻常的感官体验和刺激,是很多孩子很喜欢的游戏。但是在游戏之前务必先确定环境是否适合,案例中的爸爸显然是没注意到头顶的风扇,引发令自己追悔莫及的严重后果。

【案例 3 - 1 - 1】

对于有婴幼儿的家庭,私家车有哪些安全注意事项呢?

解析:

儿童在小汽车内建议固定于儿童安全座椅上,因为一旦发生交通事故,汽车的撞击会带来巨大的冲击力,仅靠人的力量是难以保护儿童安全的。

【案例 3 - 1 - 2】

对于有婴幼儿的家庭,在乘坐公共交通时有哪些安全注意事项呢?

解析:

乘坐交通工具时,不要因为赶时间就不顾安全提示,而且婴幼儿的头部比例比成人更大,头部被挤压的风险更高,也更容易受到惊吓。

【案例3-2-1】

对于有婴幼儿的家庭,在购物类场所有哪些安全注意事项呢?

解析:

在商场的开放走廊处或其他悬空处,照养人尽量不要抱着孩子停留,婴幼儿的照养人建议使用有保护带的腰凳抱紧孩子,以防发生案例中的坠落或摔伤事件。

【案例3-2-2】

对于有婴幼儿的家庭,在游乐场所有哪些安全注意事项呢?

解析:

正规的儿童游乐场所,里面的设置和环境一般是儿童安全的,但是因为进出的人员较多,也许会将部分危险物带入或掉在游乐场地上。所以,照养人尽量陪同孩子一起进入,并随时关注。

【案例3-2-3】

对于有婴幼儿的家庭,外出就餐时有哪些安全注意事项呢?

解析:

外出就餐时,婴幼儿建议坐在儿童专用餐椅上,便于固定和安全防护。

【案例3-3-1】

对于有婴幼儿的家庭,入住酒店时有哪些安全注意事项呢?

解析:

床边防护栏不仅要在家里使用,在外地居住时也建议使用。一般酒店均备有床边护栏,出行前可与酒店预约。

【案例4-1-1】

两个案例中的情形属于虐待还是忽视,应该怎样处理呢?

解析:

5岁女童应马上送医,及时治疗;她母亲的行为属于儿童虐待行为,应该报警处置。3岁幼儿被遗忘事件,幼儿园行为属于忽视(安全忽视)行为,幼儿园相关人员需要法律介入调查,并判定责任。

【案例 5 - 1 - 1】

皮皮从床上跌落,除了要考虑颅脑是否有损伤,还要考虑哪些部位的损伤?

解析:

脊椎、锁骨、四肢肢体、面部的口鼻、皮肤软组织等。

【案例 5 - 2 - 1】

毛毛受了什么样的损伤? 应该怎么处理? 是否需要去医院就诊?

如果到医院就诊,除了处理伤口,是否应该注射破伤风抗毒素来预防破伤风感染?

解析:

1. 扎伤,开放性损伤的一种。

2. 可以先用无菌的液体进行冲洗后进行包扎。

3. 应该及时到医院就诊。

4. 由于公园的锐器比较脏,伤口较深,应及时注射破伤风抗毒素。

【案例 5 - 3 - 1】

豆豆一家人的处理有哪些做对了,又有哪些地方做错了?

解析:

1. 正确的操作:尽快除去衣物、出去附着在身上的高热液体、在家中做好简单处理后尽快送医。

2. 错误的操作:未在家中先用冷水冲洗后再行送医。

【案例 5 - 4 - 1】

悠悠为何需要同时预防狂犬病和破伤风疫苗呢?

解析:

1. 伤口是被无疫苗接种史的狗咬伤,不能确定是否有狂犬病病毒,所以,为安全起见,应及时注射狂犬病疫苗。

2. 破伤风杆菌存在于生活中的任何地方,流浪狗的牙齿也不例外,对于狗咬伤引起的较深的伤口,应及时注射破伤风抗毒素。

【案例 5－5－1】

小雨这是怎么了？突然出现上述情况时该怎么处理呢？

平时应该怎么做来规避这种情况的发生？

解析：

1. 小雨出现了呛噎。

2. 马上向周围人求救。

3. 尽快采用海姆立克急救法施救，孩子失去意识或呼吸停止时要采用心肺复苏施救。

4. 在实施心肺复苏前要拨打急救电话。

5. 平时坚持让孩子在饭桌上吃饭，或至少要坐下吃饭；进食时要保持安静，避免嬉笑哭闹；当嘴中有食物时，不能跑跳、走动或玩耍。

【案例 5－6－1】

如果发生以上情况该怎么办呢？

解析：

1. 首先用筷子或者手指直接刺激孩子咽喉部和舌根部进行催吐；孩子是口服降糖药过量引起的抽搐，如情况允许，照养人可以少量试喂糖水。

2. 尽快电话联系 120 急救中心将孩子送至附近医院进行洗胃等处理。

3. 就诊时要带上孩子所服降糖药的药瓶，把孩子的呕吐物、排泄物等收集好一起带到医院；尽量回忆并告诉医生孩子所服降糖药的时间和误服的量。

4. 进入医院后，照养人要尽量配合医生进行处理并提供尽量详细的病史。

致　谢

　　在系列课程开发过程中,华东师范大学周念丽教授团队、首都儿科研究所关宏岩研究员团队、中国疾病预防控制中心营养与健康所黄建研究员团队、CEEE 团队养育师课程建设项目工作人员为最终成稿付出了巨大的努力和心血,在此致以崇高的敬意和衷心的感谢!北京三一公益基金会、北京陈江和公益基金会、澳门同济慈善会(北京办事处)率先为此系列课程的开发提供了重要和关键的资助,成稿之功离不开三方的大力支持,在此表示诚挚的感谢! 也衷心感谢华东师范大学出版社在系列教材出版过程中给予的大力支持和协助! 另外,尽管几经修改和打磨,系列教材内容仍然难免挂一漏万,不足之处还请各位读者多多指教,我们之后会持续地修改和完善这套系列教材!

　　最后,我还想特别感谢一直以来为 CEEE 婴幼儿早期发展研究及系列课程开发提供重要资助和支持的基金会,没有他们的有力支持,我们很难在这个领域潜心深耕这么久,衷心感谢(按照机构拼音的首字母排列):澳门同济慈善会(北京办事处)、北京亿方公益基金会、北京三一公益基金会、北京陈江和公益基金会、北京情系远山公益基金会、北京观妙公益基金会、戴尔(中国)有限公司、福特基金会、福建省教育援助协会、广达电脑公司、广州市好百年助学慈善基金会、广东省唯品会慈善基金会、郭氏慈善信托、国际影响评估协会、和美酒店管理(上海)有限公司、亨氏食品公司、宏基集团、救助儿童基金会、李谋伟及其家族、联合国儿童基金会、陆逊梯卡(中国)投资有限公司、洛克菲勒基金会、南都公益基金会、农村教育行动计划、瑞银慈善基金会、陕西妇源汇性别发展中心、上海煜盐餐饮管理有限公司、上海胤胜资产管理有限公司、上海市慈善基金会、上海真爱梦想公益基金会、深圳市爱阅公益基金会、世界银行、思特沃克、TAG 家族基金会、同一视界慈善基金会、携程旅游网络技术(上海)有限公司、依视路中国、徐氏家族慈善基金会、亚太经济合作组织、亚太数位机会中心、云南省红十字会、浙江省湖畔魔豆公益基金会、中国儿童少年基金会、中国青少年发展基金会、中山大学中山眼科医院、中华少年儿童慈善救助基金会、中南成长股权投资基金。